Das Kräuterbuch
Schleswig-Holstein

Das Kräuterbuch
Schleswig-Holstein

Sorten Geschichten Rezepte

Kerstin John I Hartmut Moede

mit Fotografien von Steffi Brügge
und Rezepten, zusammengestellt von
den Landfrauen Schleswig-Holstein,
zubereitet von Karl Ress

Wachholtz

Alle Informationen sind nach bestem Wissen und Gewissen zusammengestellt, dennoch übernehmen weder der Verlag noch die Autoren die Haftung für Schäden, die sich aus dem Gebrauch der beschriebenen Heilkräuteranwendungen ergeben könnten.
Regional kann es vorkommen, dass einzelne der beschriebenen Pflanzen sehr selten oder gar geschützt sind. Informationen erhalten Sie bei den Naturschutzbehörden vor Ort.

ISBN 978-3-529-05772-4

Vorwort

So bunt und vielfältig wie das Land Schleswig-Holstein, so bunt und vielfältig ist auch dieses Buch. Ein flüchtiger Blick auf das Inhaltsverzeichnis zeigt ein Kapitel über Küchenkräuter, eines über Wildkräuter und ein abschließendes Kapitel mit Rezepten.
Zu Recht fragen Sie sich, warum das Buch den Namen „Das Kräuterbuch Schleswig-Holstein" trägt. Sie sehen Überschriften mit Kräutern und sogenannten Unkräutern, die nicht nur in Schleswig-Holstein, sondern auch weit über die Landesgrenzen hinaus wachsen.
Das Buch trägt den Namen „Das Kräuterbuch Schleswig-Holstein", weil es die hier heimischen Pflanzen sind, die uns entführen und uns das Land zwischen den Meeren ein Stück weit näher bringen. In dem Kapitel Küchenkräuter nimmt uns Meinolf Hammerschmidt mit auf eine kleine geschichtliche Reise über die Bedeutung der Kräutergärten in Schleswig-Holstein. Kerstin John vom KräuterPark Stolpe bringt uns die unterschiedlichsten Küchenkräuter nahe. Sie hat dazu interessantes Wissen zu den Pflanzen zusammengestellt, gibt wichtige Tipps und verweist auf viele Besonderheiten.
Die Wildkräuter – im Garten oft bekämpften Unkräuter – schlagen in ihrem Kapitel eine ganz besondere Brücke. Sie lassen uns Dinge aus einer anderen Perspektive sehen. Zusammen mit ihnen erzählt uns Hartmut Moede, was sie mit Schleswig-Holstein verbindet. Jede Pflanze greift dabei einen für sie besonders wichtigen Punkt auf und verrät einige landestypische Geheimnisse. So ist der Wegerich der Herrscher des Ochsenweges in Schleswig-Holstein.
Viele Menschen aus dem Land zwischen den Meeren haben mitgeholfen, dieses Buchprojekt zu realisieren. Die Landfrauen Schleswig-Holsteins haben Seminare oft durch interessante und fast vergessene Fakten zu den einzelnen Pflanzen bereichert. Außerdem haben sie vielfältige alte und neue Rezepte zur Verfügung gestellt. Der Spitzenkoch Karl Ress setzte diese wiederum mit viel Akribie auf eine ganz besondere Weise um. Dokumentiert wurden die sehr schmackhaften Ergebnisse von Steffi Brügge. Auch war sie es, die fast alle Pflanzen in diesem Buch stimmungsvoll fotografiert hat.
Dieses Buch ist kein Kräuterbestimmungsbuch, sondern ein Buch, das in Text und Bildern die Liebe zu den oft Übersehenen, manchmal Getretenen zeigt. Es regt an, mal genauer hinzuschauen und sich an den Details dieser kleinen Naturwunder zu erfreuen. Das Buch soll dazu beitragen, dass wir alle mit unseren Augen und Geschmacksnerven alle Kräuter und „Unkräuter" Wert wieder schätzen lernen.

Inhalt

Kräutergarten Schleswig-Holstein

Die fetten Marschen bei Heide, Meldorf und Marne sind weit über Schleswig-Holstein hinaus bekannt für Kohlköpfe, die dort bestens gedeihen. Die Kartoffel dagegen fühlt sich seit etwa 200 Jahren zu Hause auf den leichten sandigen Böden des Mittelrückens, und auf den fruchtbaren Lehmböden des östlichen Hügellandes gedeihen Rüben und Weizen vorzüglich. Von diesen „Massenkräutern" soll hier nicht die Rede sein. Es geht vielmehr um die Pflanzenarten, die meist nicht in großen Mengen konsumiert werden und von denen es deshalb manchmal nur ein Exemplar im Garten gibt. Bei der Pflanzengruppe Kräuter haben wir es mit wüchsigen und weniger wüchsigen, manchmal kleinen und unscheinbaren Pflanzen zu tun. Neben den typischen Gartenkräutern soll hier aber auch die Rede sein von solchen, die ungerufen den Garten erobern und trotz dieses unerwünschten Verhaltens durchaus genießbar sind. Pflanzen, die in Schleswig-Holstein und anderswo ihr „zu Hause" haben und überall gut zu gedeihen scheinen. Wenn man sie ließe, würden sie bald durch das Fenster ins Haus, in die Küche schauen.

Bei dem Begriff „Kräuter für die Küche" denkt man vielleicht zunächst an die Gewürzdosen aus dem Supermarktregal, welche – gefüllt mit getrockneten Kräutern wie z.B. Salbei, Rosmarin, Majoran, Thymian, Oregano – heute fester Bestandteil einer immer mehr vereinheitlichten europäischen Küche sind. Diese Gewürzkräuter entstammen meist der trockenwarmen Klimazone des Südens und entwickeln dort auf mageren, manchmal felsigen Böden hochkonzentrierte Aromen. Mittelmeerkräuter, frisch oder getrocknet, haben auch bei uns die Essgewohnheiten beeinflusst. Welcher Schleswig-Holsteiner hat z.B. zwischen 1950 und 1960 eine kräutergewürzte Pizza aus der eigenen Küche gegessen – bzw. diese heute so verbreitete italienische Spezialität überhaupt gekannt?

Kräuter aus dem Garten

In jener Zeit gehörten, außer dem damals schon geschätzten grünen Salat, Rohkost aus Gartenkräutern oder Gerichte mit Kräutern im Vergleich zu heute noch eher zu den Raritäten des Speiseplanes. Da wurde noch gekocht, was „das Zeug hielt", z.B. deftiger Schweinebraten mit Kartoffeln und Soße. Zum Würzen reichten Salz, Pfeffer und vielleicht ein Lorbeerblatt, das den Hauch eines Kräutergeschmacks mitbrachte.

Entsprechend klein war die Kräuterecke im Garten. Da fanden sich vielleicht einige unverwüstliche mehrjährige Kräuterstauden, die von Frühjahr bis Herbst treu und brav ihre Blätter und Triebe anboten. Zu den damals häufigen Kräutern gehörte das heute nicht sonderlich ange-

sehene Maggikraut, auch Liebstöckel genannt und natürlich der Schnittlauch, der damals schon für viele Speisen, wie z.B. Kräuterquark, verwendet wurde. In einigen wenigen Gärten war vielleicht auch eine alte Staude des französischen Estragons zu finden, die für ganz bestimmte Rezepte unentbehrlich war. Seltener waren die kälteempfindlicheren mediterranen Küchenkräuter zu finden. Die vor einigen Jahren verstorbene dänische Königinmutter hatte z.B. über lange Zeit im Küchengarten des Schlossparks zu Gravenstein an der Flensburger Förde neben vielen anderen Gewürzkräutern eine üppige Reihe von Rosmarinsträuchern, die im Gegensatz zu anderen Rosmarinbeständen im Land seinerzeit jeden noch so kalten Winter überlebten und während des ganzen Jahres für die Schlossküche verfügbar waren.

Bei den ein- und zweijährigen Kräutern dagegen wurden damals Dill, Bohnenkraut und vor allem die krause Petersilie geschätzt. Letztere war und ist in Angeln wesentlicher Bestandteil des berühmten Schnüschs, ein köstliches Gemüsegericht mit Milch, dem Schinken oder Matjeshering zugegeben werden.
Das hat sich geändert. Heute finden wir in den Gärten des Landes eine Vielzahl von Kräutern, die – in speziellen Kräutergärtnereien gezogen oder vom Großhandel importiert – angeboten werden und als Salat und Gemüse, als Gewürz und Tee oder zur Dekoration Verwendung finden.
In einer sonnenbeschienenen Ecke des Gartens lassen sich, wenn die Bodenverhältnisse es zulassen, viele verschiedene Kräuter anbauen. Nicht wenige Menschen

zwischen Ratzeburg und Niebüll tun dies. Fragt man nach ihrer Motivation, dann kommen folgende Antworten: Ich möchte mich an der Kräutervielfalt, an der Blüte, am Duft und an den Farben erfreuen, oder: Ich möchte die Kräutervielfalt erhalten und last not least: Ich möchte Kräuter in der Küche in vielen Variationen genießen.
Welches sind heute die häufigsten Kräuter, neben den bereits erwähnten, im Garten: Da ist der früher meist verpönte Knoblauch, die Süßdolde, der würzige Kerbel, da sind Sauerampfer, Borretsch, Fenchel, Pfefferminze, Meerrettich, Melisse und, und, und…

Kräuter aus der Natur

Wenn im Frühjahr die Temperaturen steigen, sprießt und grünt es in der Natur und lädt zum Spaziergang ein. Im Buchenwald des östlichen Hügellandes ist bald der Boden bedeckt mit Buschwindröschen, Waldmeister und mit dem weißblütigen Sauerklee, der nun seine zarten köstlichen Blätter zum Naschen anbietet. Schleswig-Holsteins Natur bietet eine Vielzahl von Kräutern, die einmal für das Überleben wichtig waren. Damals „landeten" z.B. junge Brennessel-, Beinwell- und Giersch-Schösslinge und selbst junge Buchenblätter im Kochtopf. Aus jungen noch farblosen Löwenzahnblättern, aus Gänseblümchenblättern und Vogelmiere-Ranken entstanden Speisen, die nicht nur schmeckten und den Magen füllten, sondern wegen ihrer Inhaltsstoffe auch sehr gesund waren. Mit Vergnügen haben Kinder in der schlechten Zeit die Blätter des Sauerampfers am Wegrand verspeist. Und aus den zusätzlich gesammelten Blättern entstand später zu Hause eine leckere Sauerampfersuppe.

Wo finde ich welche Kräuter?

Allgemein gibt es sie überall, an Wald- und Feldrand, im Knick und neuerdings auf den nicht mehr intensiv genutzten Flächen, z.B. auch auf der Geest. Hier wächst

gerne der Sauerampfer. Zu erkennen ist er an den kleinen bräunlichen Blütenständen der Knöterichgewächse und seinen schlanken Blättern. Wer die heute oft beweideten Flächen der ehemaligen Truppenübungsplätze auf der Geest durchwandert, der wird sich wundern über den würzigen Geruch, der durch die Berührung eines kleinen Krautes am Boden aufgewirbelt wird und die Nase umschmeichelt: Thymian – mit verschiedensten Aromen. Hier zwischen den Meeren ist er genauso zu Hause wie am Mittelmeer.
Wer Bärlauch für ein deftiges Pesto benötigt, der sucht am besten im zeitigen Frühjahr an den schattigen Hängen des östlichen Hügellandes. Große Bärlauchbestände

findet der Kräuterfan z. B. in Lübeck und in Flensburg am Ostufer der Förde. Bei der Ernte der Kräuter aus der Natur waren und sind natürlich Pflanzenkenntnisse erforderlich. Man sollte Bärlauch unbedingt vom Maiglöckchen und Beinwell vom Fingerhut unterscheiden können. Ein Vertauschen hätte fatale Folgen. Wer die Pflanzen nicht kennt, sollte keine Kräuter sammeln!

Fehlende Pflanzenkenntnisse sind die eine Sache. Eine Belastung der Kräuter durch negative Umwelteinflüsse, selbst im dünn besiedelten und seeluftverwöhnten Schleswig-Holstein die andere. Kräuter, die an einer sehr belebten Straße oder an einem Hundetummelplatz gewachsen sind, sollten besser dort verbleiben. Auch Feld- und Weideränder sind mit Vorsicht zu genießen, da Kräuter hier als „Unkräuter" gelten, als unliebsame Konkurrenten der Feldkulturen. Da kräuseln sich plötzlich am Rand einer Graskoppel Sauerampfer und Löwenzahn, um in kurzer Zeit zu verschwinden. Erwünscht ist hier nur das „schiere" Weidegras als hochwertiges Futter.

Kräuter aus der Natur, aus dem Garten oder vom Markt – sind als Begleiter oder selbst als Grundlage vieler Gerichte eine echte Bereicherung des Speiseplanes. Darüber hinaus haben viele von ihnen besondere Inhaltsstoffe, die gesundheitsfördernd sein können. Diese Küchenkräuter wirken gleichzeitig wie Heilpflanzen.

Meinolf Hammerschmidt

Gartenkräuter

Bärlauch

Ein angenehm knoblauchartiger Geruch strömt dem Spaziergänger in die Nase, wenn man sich einer Bärlauchwiese nähert. Zerreibt man ein Blatt zwischen den Fingern, verstärkt sich der Duft noch: Wald- oder Wilder Knoblauch wird der Bärlauch auch genannt. Er steht zwar bei uns nicht unter Naturschutz, darf jedoch in Naturschutzgebieten nicht gesammelt werden. Beim Sammeln nimmt man immer nur ein, zwei Blätter von jeder einzelnen Pflanze, um diese nicht zu sehr zu schwächen und somit zu riskieren, dass sie abstirbt. Auch sollten die Blätter, sobald die Pflanze blüht, nicht mehr geerntet werden, um ihr die Möglichkeit zur Nährstoffeinlagerung in die Zwiebel nicht zu nehmen.
Allerdings besteht bei diesem sehr schmackhaften Kraut die Gefahr einer Verwechslung, denn sowohl Maiglöckchen als auch Herbstzeitlose werden leicht für Bärlauch gehalten. Ein fataler Fehler, da beide Pflanzen sehr giftig sind und es durchaus schon zu Todesfällen gekommen ist.
Wichtigstes Erkennungsmerkmal ist natürlich erst einmal der Duft. Im Gegensatz zu Maiglöckchen und Herbstzeitlosen hat der Bärlauch außerdem einzelne Blätter, die aus dem Boden wachsen. Bei den beiden giftigen Kollegen umschließen die Blätter hingegen jeweils das Herz der Pflanze. Maiglöckchen treiben zudem erst deutlich später aus als Bärlauch.
Wer ganz sicher gehen möchte, baut ihn im eigenen Garten an. Beste Aussaatzeit ist von Frühling bis Herbst. Am einfachsten ist es jedoch, ein paar Pflänzchen in den Garten zu setzen, vielleicht unter eine Buchenhecke. Bärlauch sät sich später von selbst aus und vermehrt sich zusätzlich über seine Zwiebeln. Es kann also durchaus sein, dass er auch an anderen Stellen vorkommt, an denen er gar nicht vorgesehen war. Als Wildkraut benötigt die Pflanze keinerlei Düngung bzw. Pflege – außer Gießen bei langer Trockenheit.

Wie bei allen Kräutern ist die beste Sammelzeit der späte Vormittag.

Wie bei allen Kräutern ist die beste Sammelzeit am späten Vormittag, vorzugsweise bei trockenem Wetter. Weil der Bärlauch aus der Erde an genügend Feuchtigkeit gewöhnt ist, welkt er nach der Ernte sehr schnell. Sollte der Weg nach der Ernte also länger sein, legt man die gesammelten Pflanzenteile am besten in eine Plastikdose oder in einen mit etwas Wasser gefüllten Gefrierbeutel.

Wie gut, dass der Bärlauch von Profiköchen wieder entdeckt und salonfähig gemacht wurde, denn er sollte in keiner Frühjahrskur fehlen. Das Kraut hat einen sehr würzigen, knoblauchartigen Geschmack und ist daher für Pestos oder im Salat sehr beliebt. Darüber hinaus kommt es aufgrund seiner vielfältigen Inhaltsstoffe wie Vitamin C, Eisen und Magnesium auch in der Volksmedizin zum Einsatz. Es gilt als reinigend, harntreibend, antibiotisch, antiseptisch und blutdrucksenkend. So soll Bärlauch nicht nur bei Magen-Darmstörungen oder wie Knoblauch bei Verdauungsbeschwerden helfen, sondern auch gegen Bluthochdruck und vorbeugend gegen altersbedingte

Die Blätter schmecken am besten,
wenn sie ganz jung geerntet werden.

Gefäßveränderungen. Die Wirkstoffe der Pflanze ähneln denen des Knoblauchs. Vorsicht jedoch bei übermäßigem Genuss, der kann zu Magenreizungen führen.

Vom Bärlauch lassen sich Blüten, Stiele, Zwiebeln und Blätter verwenden. Da die Stiele sehr hart sind, empfiehlt sich, sie vor dem Verzehr zu hacken und anzudünsten. Die Verarbeitung der Zwiebel hingegen erfolgt wie bei Frühlingszwiebeln.

Am bekanntesten ist wohl die Verwendung der Blätter. Sie schmecken am besten, wenn sie ganz jung geerntet werden. Damit keine Geschmacksveränderung entstehen kann, werden sie mit nicht zu heißem Wasser gewaschen und erst unmittelbar vor der Nutzung klein geschnitten. Auch ein Zerhacken oder gar Trocknen der Blätter bedeutet Aromaverlust.

Falls die Blätter nicht sofort verarbeitet werden können, lassen sie sich gut in einem mit etwas Wasser gefüllten Gefrierbeutel oder einer Plastikdose aufbewahren. So halten sie sich ein bis zwei Tage im Kühlschrank. Um das schmackhafte Kraut länger haltbar zu machen, muss es eingefroren werden. Die einmal eingefrorenen Bärlauchblätter eignen sich dann aber nicht mehr für Dekorationen.

Über den Bärlauch (Allium ursinum)

Erkennungsmerkmal

Zu erkennen ist der Bärlauch natürlich als erstes am Knoblauchgeruch, der nicht nur verströmt wird, wenn man an den Blättern reibt. Bärlauch hat lanzettliche Blätter, die einzeln an ihrem Stängel direkt aus dem Boden wachsen. Der Blütenstängel ist dreikantig bis rund geformt und wird 20 bis 50 cm hoch. Bärlauch blüht weiß. Er hat eine kurze Vegetationszeit, zieht im Sommer vollständig ein und treibt erst im darauffolgenden Frühjahr wieder aus.

Standort

Bärlauch liebt tiefgründigen, feuchten und nährstoffreichen Boden im Halbschatten. Daher findet man ihn in Auen- und humusreichen Laubwäldern. Am wohlsten fühlt er sich unter Buchen.

Blütezeit

Die „Hexenzwiebel", wie der Bärlauch auch genannt wird, blüht von April bis Mai.

Sammelzeit

Geerntet werden die jungen zarten Blätter ab Ende Februar und vor der Blüte, weil sie dann am besten schmecken. Die Zwiebeln erntet man im Sommer, wenn das Kraut abgestorben ist.

Nutzbare Pflanzenteile

Man kann die Blätter und die Zwiebeln verwenden, aber auch die Blüten sind sehr schmackhaft!

Wichtige Inhaltsstoffe

Bärlauch enthält u. a. ätherisches Öl, Vitamin C, Magnesium und Eisen.

Verwendung

Bärlauch verwendet man am besten frisch, getrocknet verliert er wertvolle Inhaltsstoffe. Er lässt sich einfrieren, aber auch dabei leidet die Qualität. Bärlauchblätter passen fein gehackt auf Brot, in Kräuterbutter, zu Salaten, Gemüse, Nudeln, Kartoffeln, Quark und Saucen. Die Zwiebeln lassen sich wie Frühlingszwiebeln verwenden. Blüten essen nicht vergessen!

Besonderheiten/Tipps

Am besten baut man ihn selbst im Garten an. Zu empfehlen ist es, Bärlauchpflanzen oder -zwiebeln zu kaufen. Die Pflanzen kommen im zeitigen Frühjahr in den Boden, die Zwiebeln werden im Herbst etwa 10 cm tief in die Erde gesteckt. Wenn der Bärlauch sich wohlfühlt, bildet er große Bestände, es dauert allerdings ein paar Jahre, bis er sich voll entwickelt hat. So lange lieber nur vorsichtig ernten. Danach kann es aber durchaus sein, dass man ihn in seine Schranken verweisen muss.

Bohnenkraut

Das Bergbohnenkraut wächst ausdauernd und wird auch Winterbohnenkraut genannt, im Gegensatz zum einjährigen oder Sommerbohnenkraut (S. hortensis). Das einjährige hat ähnliche Wirkstoffe wie die ausdauernde Form und kann auch so verwendet werden. Es besitzt ein feineres Aroma als das Bergbohnenkraut.

Beide Arten sind in unseren Regionen nicht heimisch. Sie stammen ursprünglich aus dem Mittelmeerraum. Das einjährige Bohnenkraut soll einst mit den Römern nach Mitteleuropa gekommen sein. Zunächst wurde es in den Klostergärten angebaut und fand von dort schnell den Weg in die Bauerngärten. Seinen Bekanntheitsgrad erlangte das Kraut unter anderem durch seinen besonderen Geschmack. So wurde es als Würzkraut geschätzt, aber auch wegen seiner gleichzeitig krampflösenden und verdauungsfördernden Wirkung. Daher fand die Pflanze nicht nur in der Küche Verwendung, sondern auch als heilsamer Tee: Hierfür wurden zwei Teelöffel des Krautes mit einem Viertel Liter kochendem Wasser übergossen, abdeckt und nach zehn Minuten abgeseiht.

Doch dem Kraut wurde noch eine andere Wirkung zugesprochen: Es galt lange auch als Aphrodisiakum und war daher, zusammen mit anderen Kräutern wie beispielsweise Eisenkraut und Pfefferminze, Bestandteil vieler Liebestränke. Hieronymus Bock meinte in seinem Kräuterbuch von 1546, Bohnenkraut und Quendel (Thymian) „reitzen zu Ehelichen wercken“. Auch konnte man angeblich einen Menschen an sich binden, wenn man diesem ein Amulett mit Bohnenkraut schenkte. Und wer regelmäßig den Tee trank, sollte hellsichtig werden.

Die Pflanze findet nicht nur in der Küche Verwendung, sondern auch als heilsamer Tee.

Wissenschaftlich belegt sind diese Wirkungen nicht. Eine andere Regel besagt: Hat man ein Kräuterkissen im Bett, in dem sich auch Bohnenkraut befindet, wird sich kein Floh darin breitmachen.

Beide Arten der Pflanze – Garten- oder Sommerbohnenkraut (Satureja hortensis) und Winter- oder Bergbohnenkraut (Satureja montana) – lassen sich gut selbst aussäen: Ab April vor möglichem Frost geschützt noch unter Glas und ab nach den Eisheiligen Mitte Mai im Freiland. Wichtig ist, darauf zu achten, dass man die Samenkörner nicht mit Erde bedeckt, denn Bohnen-

kraut ist ein sogenannter Lichtkeimer, und die Samen würden ohne Lichteinwirkung nicht aufgehen. Die Saat sollte daher nur gut angedrückt und dann vorsichtig gewässert werden.
Das Bergbohnenkraut kann auch gut durch Stecklinge vermehrt werden. Dazu werden im Sommer leicht verholzte Triebe geschnitten und die unteren Blätter entfernt. Anschließend werden sie in Töpfe mit Aussaaterde gesteckt, die wenig Nährstoffe enthält. Hilfreich für das Bewurzeln ist es, durchsichtige Folie über die Töpfe zu stülpen, die für eine hohe Luftfeuchtigkeit sorgt.
Im Garten wird das Kraut häufig als Einfassungspflanze verwendet. Als Zierpflanze wächst es in Steingärten oder dient Bienen als Futterpflanze. Neben Bohnen gepflanzt, soll es diese vor dem Befall durch die Schwarze Bohnenlaus schützen. Abgesehen von der Ernte erfolgt im späten Frühjahr,

Bohnenkraut hat einen stark aromatischen thymianähnlichen Geruch.

wenn keine Fröste mehr zu befürchten sind, ein Rückschnitt, um den Neuaustrieb und die Verzweigung zu fördern. Gegen Ende des Sommers stellt man die Ernte ein, damit die Triebe ausreifen können und die Pflanze gut über den Winter kommt.
Bohnenkraut hat einen stark aromatischen, thymianähnlichen Geruch und als reines Gewürz einen scharfen, brennenden Geschmack. Dieser verschwindet jedoch beim Kochen. Darüber hinaus enthält es ätherisches Öl in wechselnden Mengen.
Sein höchstes Aroma entfaltet das Kraut kurz vor der Blüte. Es sollte daher auch in diesem Zeitraum geerntet und entweder frisch verwendet oder konserviert werden. Zum Trocknen werden die Triebe geschnitten, gebündelt und anschießend an einem luftigen, schattigen Platz aufgehängt. Einzelne Blätter lassen sich an einem ebenfalls luftigen und schattigen Ort auf Küchenpapier ausbreiten. Nach dem Trocknen werden die Blätter von den Zweigen abgestreift und in verschließbaren Gefäßen dunkel aufbewahrt.

Über das Bergbohnenkraut (Satureja montana)

Erkennungsmerkmal

Bergbohnenkraut gehört in die Familie der Lippenblütler. Es wächst als Halbstrauch, d. h. die die älteren Triebe verholzen mit der Zeit. Bergbohnenkraut ist ausdauernd und bei uns winterhart. Es wird bis zu 50 cm hoch. Die schmalen, spitzen, dunkelgrünen Blättchen duften würzig und pfeffrig, wenn man sie zwischen den Fingern zerreibt, und schmecken entsprechend. Daher wird es auch „Pfefferkraut" genannt. Die Blüten sind weiß bis zartlila.

Standort

Bohnenkraut möchte mageren, durchlässigen Boden, gern auch kalkhaltig, in voller Sonne, deshalb fühlt es sich im Steingarten oder in den Mauerritzen einer Kräuterspirale wohl. Hier kommt ihm auch der Windschutz zugute.

Blütezeit

Das Bergbohnenkraut blüht im Spätsommer, etwa von Juli bis Oktober.

Sammelzeit

Geerntet werden kann das mehrjährige, wintergrüne Bergbohnenkraut fast das ganze Jahr über, das Sommerbohnenkraut ist dagegen nur einjährig und verabschiedet sich, sobald es kalt wird.

Nutzbare Pflanzenteile

Vom Bohnenkraut nutzt man Blätter oder ganze Triebe.

Wichtige Inhaltsstoffe

Bohnenkraut – sowohl das ein- als auch das mehrjährige – enthält vor allem Gerbstoffe und ätherische Öle.

Verwendung

Bohnenkraut wird frisch oder getrocknet verwendet. Ganz klassisch würzt man damit Bohnengerichte, weil es die Speisen besser verdaulich macht. Hierzu wird es mitgekocht, ganze Zweige können mit in den Topf gegeben und später wieder herausgenommen werden. Bohnenkraut passt außerdem zu deftiger Hausmannskost, fettem Fleisch, Gemüse, Fisch, Suppen, Eintöpfen, Salat, Saucen, Quark und Butter.

Besonderheiten/Tipps

Bohnenkraut heißt im plattdeutschen Raum Bohnenkruut oder Peperkruut. Weitere Namen sind Kölle, Weinkraut und Saturei.
Eine interessante Variante ist das Zitronen-Bohnenkraut, das in der Küche Fisch und Fleisch eine besondere Note gibt. Es möchte ebenfalls einen mageren Boden in voller Sonne, ist bei uns jedoch nicht winterhart.

Dill

Beim Dill handelt es sich um ein sehr altes Küchen- und Heilkraut. Er war im alten Ägypten, Griechenland und bei den Römern zum Würzen und als Heilpflanze bekannt. Von Mönchen soll er nach Mitteleuropa in die Klostergärten gebracht worden sein, und Karl der Große ordnete den Anbau von „anetum" schließlich in seiner Landgüterverordnung „Capitulare de villis" an. Inzwischen wird er als heimische Pflanze angesehen.
Im Garten wird das Kraut manchmal mit Fenchel verwechselt. Lässt man allerdings die Nase „sprechen", klärt der Geruch schnell auf, um welche Pflanze es sich handelt. Darüber hinaus ist Dill zarter im Wuchs als Fenchel. Er mag weder Enge noch zuviel Feuchtigkeit. Um im Garten zu gedeihen, braucht er außerdem einen lockeren Boden und ausreichend Platz in voller Sonne. Erfüllt man ihm diese Standortansprüche, kann man reichlich ernten. Dill lässt sich ab April direkt ins Freiland säen. Er verträgt sich gut mit Wurzeln und Gurken und soll sich sogar günstig auf deren Keimung und Wachstum auswirken. Regelmäßige Folgesaaten sorgen dafür, dass das Kraut fast die ganze Saison zur Verfügung steht. Erntet man ihn nicht ab, sät er sich fleißig selbst aus und sucht sich den Standort, der ihm am besten gefällt. Dann zeigt er sein dekoratives Talent vielleicht auch in den Blumenrabatten.
Dill gilt als ein delikates Würzkraut und ist aus der frischen Küche nicht mehr wegzudenken. Aber auch für die Volksmedizin hat das Kraut eine besondere Bedeutung. Es wirkt aufgrund seiner Inhaltsstoffe appetitanregend, verdauungsfördernd und nervenberuhigend. Dill ist nicht nur reich an ätherischem Öl, Vitamin C und Mineralstoffen, sondern auch an fettem Öl und Proteinen. Ein Tee aus Dill hilft gegen Blähungen bei kleinen und großen Menschen, bei Schlafstörungen und regt die Milchbildung an.
Der Pflanze wurden außerdem schützende Kräfte und eine Wirkung gegen Hexerei zugesprochen. Angeblich konnten mit Hilfe des Dills Zaubersprüche und Flüche abgewehrt und böse Geister vertrieben werden. Das mag ihm auch den weiteren Namen „Hexenkraut" eingebracht haben. Verantwortlich für diese Kräfte soll der aromatische Duft sein. An Neujahr wurde das Kraut beispielsweise zusammen mit Salz und Lein zum Schutz um das Haus herum ausgestreut oder sogar ausgesät.
Auch beim Vieh soll Dill Zauberkräfte gezeigt haben. So verfütterten die Bauern dillgefülltes Brot, um die Tiere vor Verwünschungen zu schützen.

Vor allem am Tag vor Walpurgis bekamen Kühe das Kraut in der Früh zu fressen, und zusätzlich wurde es im Stall aufgehängt. Nach dem Kalben verabreichte man es den Kühen zur Stärkung und bestreute die neugeborenen Kälber damit. Darüber hinaus sollte es auch in einer Mischung mit Salz eine Schutzwirkung entfalten: Um Unheil zu vermeiden, wurde das Gemisch über neu gekaufte Tiere gestreut oder über das gesamte Vieh, wenn es zum ersten Mal auf die Weide kam. Auch beim Viehkauf selbst soll es hilfreich gewesen sein: So sollten auf dem Markt, in der Tasche getragen, Dill und Salz sogar dafür sorgen, dass man das richtige Vieh fand.
Bei Gewittern verbrannte man Dill zusammen mit Hartheu-Blättern, wobei zu sprechen war: „Hartnau und Dill macht das Gewitter still"

Dill wirkt aufgrund seiner Inhaltsstoffe appetitanregend, verdauungsfördernd und nervenberuhigend.

Im Eutiner Raum, mitten in der Holsteinischen Schweiz, soll es eine besondere Art von Dillzauber gegeben haben: Um gegenseitige Stoßverletzungen beim Vieh zu verhindern, wurden hier die Hörner und das Maul mit dem Kraut abgerieben.
Dillsamen sind nicht nur ein schmackhaftes und bekömmliches Brotgewürz, Frauen nahmen früher das Kraut auch zum Brotbacken mit, damit das Brot überhaupt gelang.
Zur Hochzeit in der Kirche trugen die Bräute Dill und Senfkörner im Schuh. Wenn sie dann auch noch den entsprechenden Zauberspruch aufsagten, „Ich habe Senf und Dill, Mann, wenn ich rede, schweig du still!", soll der Bräutigam nichts mehr zu lachen gehabt haben…
In das Bett einer Gebärenden gelegt, sollte das Kraut die Geburt erleichtern, und Kindern wurde zum Schutz ein Beutel mit Dill, Kümmel und Salz umgehängt.

Über den Dill (Anethum graveolens)

Erkennungsmerkmal

Dill ist einjährig und gehört zur Familie der Doldengewächse. Seine Blätter sind fadenartig fein gefiedert, und er wird an geeigneten Standorten durchaus 1 m hoch. Seine Blüte ist gelb. Er hat einen aromatischen und würzigen Geruch, die Früchte (Samen) schmecken kümmelähnlich.

Standort

Dill wächst auf den meisten Böden, gern windgeschützt und warm in voller Sonne. Er bevorzugt humosen und kalkhaltigen Boden.

Blütezeit

Die Blütezeit des Dills liegt im Sommer, von Juli bis August.

Sammelzeit

Die Blätter erntet man im Sommer, die Samen, wenn sie sich braun verfärbt haben und schon fast von allein abfallen.

Nutzbare Pflanzenteile

Man verwendet Blüten, Blätter und Samen des Dills.

Wichtige Inhaltsstoffe

Die meisten Doldenblütler haben viele ätherische Öle, so auch der Dill. Außerdem enthält er u. a. Mineralstoffe und Vitamin C.

Verwendung

Das Kraut schmeckt am besten frisch und passt zu Salaten, Fisch, Suppen, Saucen und Fleisch. Ganz klassisch gehört Dill zu Gurken: Die Blütenstände und Samen nutzt man zum Einlegen von Gewürzgurken, das Kraut wird in den Gurkensalat gegeben. Daher auch die weiteren Namen wie Gurkenkraut oder Gurkenkümmel. Die Samen erinnern tatsächlich an Kümmel, sie kommen frisch oder getrocknet zum Einsatz. Ein Tee aus den im Mörser leicht zerstoßenen Samen hilft bei Magenbeschwerden.

Besonderheiten/Tipps

Getrocknet büßt das Kraut des Dills viel Aroma ein, aber man kann ihn konservieren, indem man ihn einfriert: Hierzu werden die fadenartigen Blätter grob zerkleinert und im Eiswürfelbehälter mit wenig Wasser tiefgekühlt. Anschließend können die Dill-Eiswürfel in geeigneten Behältern oder Beuteln im Eisfach aufbewahrt und portionsweise entnommen werden. Um die Früchte des Dills zu gewinnen, werden die abgeschnittenen Samenstände zum Trocknen über ein Tuch gehängt, so dass die Früchte aufgefangen und bequem abgefüllt werden können. Andernfalls streift man sie von den Stängeln. Sie werden dunkel in einem verschlossenen Gefäß aufbewahrt.

Fenchel

Wer hat nicht schon mal als Kind bei Bauchschmerzen Fencheltee trinken müssen? Gern auch mit Kümmel und Anis gemischt, vertreibt er böse Darmwinde. Und kommt dabei ohne zusätzliche Süße aus!
Fenchel enthält u. a. ätherische Öle, Vitamine und Mineralien und wird auch bei festsitzendem Husten eingesetzt: als Honig, Tee, Auflage und zum Inhalieren.
Fenchel ist mit seinen Inhaltsstoffen in der Lage, die Bewegung der Flimmerhärchen in den Bronchien anzuregen, dadurch wirkt er schleimlösend und auswurffördernd. Neben der entblähenden Wirkung fördert der Tee außerdem die Milchbildung bei stillenden Frauen, und Säuglinge schlafen ruhiger – so haben alle etwas davon!
Wer den Fenchel nicht trinken möchte, kann alternativ zum Fenchelöl greifen. Das kann man ganz einfach selbst herstellen: Die Fenchelsamen werden wie bei der Teezubereitung gemörsert und mit einem guten Pflanzenöl aufgegossen. Die Mischung stellt man drei Wochen auf das warme Fensterbrett und seiht dann ab. Aufbewahrt wird das Fenchelöl dunkel in einem verschließbaren Gefäß. Es eignet sich gut zum Einreiben bei Bauchschmerzen

Fenchel hilft bei festsitzendem Husten.

und -krämpfen – und das nicht nur bei Babybäuchen. Reines ätherisches Fenchelöl darf allerdings nicht länger als wenige Wochen und schon gar nicht bei Säuglingen, Kleinkindern und von Schwangeren angewendet werden.

Im Mittelalter wurde Gewürz- und Gemüsefenchel unter anderem auch in Liebestränke gemischt, da man glaubte, dass das Kraut die sexuelle Potenz wiederbringen könne.

Fenchelöl gegen Bauchschmerzen und -krämpfe lässt sich leicht zubereiten.

Zum Schutz vor bösen Geistern wurde er an Johanni über Türen und Fenster gehängt, und man bestrich Hörner und Euter der Kühe mit der Pflanze. Neuvermählten streute man Fenchel auf den Weg, und die Samen legte man in die Schlüssellöcher von Häusern, in denen es angeblich spukte.

Schon bei den Römern und Griechen der Antike wurde Fenchel hoch gelobt. Und in fast jedem Kräuterbuch des Mittelalters wurde er erwähnt und empfohlen. Auch Hildegard von Bingen soll von der Pflanze und seiner Wirkung begeistert gewesen sein.

Ursprünglich war Fenchel im Mittelmeerraum und Vorderasien beheimatet. Heutzutage kommt er fast auf der ganzen Welt vor – in Europa, Asien, Teilen von Afrika und Südamerika.

Das Kraut erfreut sich aber nicht nur bei uns Menschen, sondern auch im Tierreich großer Beliebtheit. Es ist sehr blüten- und nektarreich und daher unter anderem auch von Bienen sehr geschätzt.

Fenchel im eigenen Garten anzubauen ist einfach. Die Aussaat erfolgt ab April direkt ins Freiland. Dann hat man stets frisches Kraut zur Hand oder kann von den Blüten im Vorbeigehen naschen. Geht es an die Ernte der Saat, werden die Dolden abgeschnitten, gebündelt und im luftigen Schatten zum Trocknen aufgehängt. Die reifen Samen brauchen dann nur noch herausgeschüttelt und in einem dunklen Gefäß verwahrt zu werden. Bleiben die Dolden stehen, samt sich der Fenchel im Garten fleißig selbst aus. Im Winter stirbt der oberirdische Teil der Pflanze ab, im Frühjahr treibt sie frisch aus, dann werden die abgestorbenen Teile zurückgeschnitten. Für eine Nährstoffgabe in Form von Kompost ist der Fenchel dankbar. In jungen Jahren braucht er eventuell Winterschutz, später ist er gut frosthart.

Das Kraut eignet sich nicht zum Trocknen, aber um es zu konservieren, kann man es portionsweise mit wenig Wasser im Eiswürfelbehälter einfrieren.

Mit dem rotlaubigen „Bronzefenchel" existiert eine sehr dekorative Form, die ähnliche Ansprüche hat und ähnlich genutzt werden kann, wie der normale Gewürzfenchel und eine Bereicherung im Staudenbeet ist.

Über den Fenchel (Foeniculum vulgare)

Erkennungsmerkmal

Gewürz- oder Teefenchel gehört zur Familie der Doldenblütler. Es ist nicht der mit der Knolle! Knollenfenchel wächst einjährig, Gewürzfenchel ist dagegen zwei- bis mehrjährig. Er wird durchaus bis zu 2 m hoch. Seine Wurzel ist pfahlförmig und reicht weit in den Boden. Die Blätter sind bläulich-grün und fein gefiedert, die Blüten gelb. Oft wird er mit Dill verwechselt, aber man erkennt den Fenchel am Duft: Die ganze Pflanze hat ein süßes Aroma von Anis.

Standort

Um seine stattliche Größe zu erreichen, benötigt Fenchel durchlässigen, nährstoffreichen Boden in voller Sonne.

Blütezeit

Die Blüte dauert von Juli bis September.

Sammelzeit

Man sammelt das Kraut im Sommer, die Fenchelfrüchte (Samen) im Herbst und lässt sie gut trocknen.

Nutzbare Pflanzenteile

Genutzt werden das Kraut und die Samen.

Wichtige Inhaltsstoffe

Im Fenchel kommen viele ätherische Öle vor.

Verwendung

Das Kraut schmeckt in Kräuterbutter und -quark, Suppen, Saucen, Salat und wird traditionell in Fischgerichten verwendet. Fenchel aromatisiert außerdem verschiedene alkoholische Getränke.
Klassisch ist natürlich die Verwendung der Fenchelfrüchte (Samen) als Tee bei Verdauungsbeschwerden und Husten. Weitere Namen des Fenchels sind Brotanis oder Brotsamen, und auch hier entfalten die Samen ihr Aroma und ihre heilsame Wirkung.

Besonderheiten/Tipps

Für den Fencheltee zerstoßen Sie die Früchte kurz im Mörser, dann können sich die Wirkstoffe richtig entfalten. Pro Tasse wird ein Teelöffel Fenchelsamen mit ¼ l kochendem Wasser übergossen und 5 min ziehengelassen. Wichtig ist es, den Teebecher abzudecken, damit die ätherischen Öle nicht „verduften“. Kondenswasser, das sich am Deckel sammelt, wird in den Becher zurückgegeben. So gehen keine wertvollen Inhaltsstoffe verloren. Anschließend wird der Tee abgeseiht. Es leuchtet ein, dass Fenchel im Teebeutel die meisten seiner heilkräftigen Wirkstoffe schon längst eingebüßt hat.

Guter Heinrich

Der Spinat, wie wir ihn heute kennen, ist ein Nachfahre des Guten Heinrichs, der im Volksmund auch „Wilder Spinat“ genannt wird. Allerdings hat unser heutiger Spinat den „Wilden“ als beliebtestes Blattgemüse leider fast verdrängt. Er steht sogar auf der Roten Liste der gefährdeten Pflanzen.
In Gärten findet man den Guten Heinrich daher nur noch selten. Dabei wurde der bei uns beheimatete Gute Heinrich bereits seit dem Altertum genutzt und gilt als robuste Gemüse- und Heilpflanze. Erst nur wild gesammelt, wurde er später aber auch gezielt angebaut.

Guter Heinrich lässt sich wie Spinat zubereiten.

Die Pflanze ist unempfindlicher als die heutigen Arten und benötigt nur wenig Pflege, das heißt: hin und wieder etwas Dünger, gern in Form von Kompost, und genügend Wasser. Schädlinge oder besondere Krankheiten sind nicht bekannt. Auch die kalte Jahreszeit übersteht die mehrjährige Pflanze gut.
Früher wurde dem Guten Heinrich ein Pflanzengeist zugesprochen, der unter anderem Kühen beim Milchgeben geholfen haben soll. Dazu wurde das Euter der Kuh mit dem Aufguss aus der Pflanze gewaschen. Das gleiche Prozedere, also eine Waschung mit der Pflanze, soll

auch Menschen bei der Wundheilung geholfen haben. Umschläge mit gekochten Blättern wurden bei Hautverletzungen eingesetzt und bei Verbrennungen durch Brennnesseln. Darüber hinaus enthält die Pflanze Mineralstoffe wie Eisen.

Die Blütenstände lassen sich schmackhaft wie Brokkoli dünsten.

Im Erzgebirge galt Guter Heinrich als Schutz vor Behexung. Wenn dort das Vieh keine Milch gab, weil es „besprochen" war, so zog man eine Wurzel der Pflanze aus und sprach: „Gut Heinrich, du bist mein Knecht, mit meiner Kuh ist's nicht recht; geh das Dorf auf und nieder, bring mir meinen Nutzen wieder."

In der Küche ist die Pflanze in ihrer ganzen Pracht – von der Blüte bis zum Stängel – vielfältig verwendbar. Kaum lässt sich die Frühlingssonne sehen, ist der Gute Heinrich eine der ersten Gemüsesorten, die zu finden ist. So macht er seinen Namen „Wilder Spinat" alle Ehre und lässt sich tatsächlich wie Spinat zubereiten. Gerade die jungen, dreieckigen, an der Unterseite leicht mehlig bestäubten Blätter ergeben ein geschmackvolles Gemüse. Darüber hinaus lassen sie sich als Suppeneinlage verwenden oder auch wie Sauerkraut einlegen. Sie sollten allerdings frisch verzehrt und nach der Ernte zügig verarbeitet werden, weil sie schnell welken. Die Blütenstände lassen sich schmackhaft wie Brokkoli dünsten oder in Bierteig ausbacken. Gebleicht wie Spargel kann man die jungen Stängel zubereiten, ein beliebtes lokales Gericht in England. Nichts bleibt ungenutzt: Auch die Samen sind verwendbar. Geröstet oder gemahlen können sie dem herkömmlichen Mehl beigemischt werden. Jedoch sollte die Pflanze aufgrund der in ihren Bestandteilen enthaltenen Oxalsäure nicht zu häufig auf den Tisch kommen. Zudem speichert die Pflanze viel Nitrat.

Beste Sammelzeit des schmackhaftem „Guten Heinrich" ist April bis Oktober. Allerdings werden die Blätter während der Blüte von Juni bis Oktober etwas herb. Sie wachsen allerdings stetig nach, so dass man immer einen kleinen Vorrat an eigenem Spinat im Garten hat. Die Pflanze gehört in die Familie der Gänsefußgewächse. Ihre Samen sind vielleicht aufgrund der Seltenheit der Pflanze schwer erhältlich und am besten in Staudengärtnereien zu erwerben. Der Anbau im Garten ist dagegen einfach, man sät zwischen April und Oktober und räumt der Pflanze ausreichend Platz ein. Ab dem zweiten Jahr bildet die Pflanze reichlich Saat und sät sich selbst weiter aus. Um das zu verhindern, kann man die Blütenstände rechtzeitig abschneiden bzw. für die Verwendung in der Küche ernten. Auch eine Vermehrung durch Teilung ist möglich, Hauptsache, der Boden ist ausreichend feucht und der Standort sonnig. Im Frühjahr werden die oberirdischen Teile der Pflanze zurückgeschnitten, um so dem Neuaustrieb Platz zu machen.

Über den Guten Heinrich (Chenopodium bonus-henricus)

Erkennungsmerkmal

Der Gute Heinrich gehört zur Familie der Gänsefußgewächse. Die krautige Pflanze ist mehrjährig, robust und winterhart und kann unter guten Bedingungen bis zu 70 cm hoch werden. Seine Blätter sind annähernd dreieckig und im jungen Stadium unterseits mehlig bestäubt. Guter Heinrich blüht rispenartig und bildet reichlich Samen. Die Pflanze stirbt im Winter oberirdisch ab und treibt im Frühjahr wieder neu aus.

Standort

Guter Heinrich bevorzugt stickstoffhaltigen, frischen bis feuchten Boden und volle Sonne, er gedeiht aber auch im Schatten und ist robust und anspruchslos. Häufig findet man in seiner Nachbarschaft auch Brennnesseln.

Blütezeit

Seine grünlichen Blüten erscheinen von Juni bis Oktober.

Sammelzeit

Gesammelt wird von April bis Oktober, wobei die Blätter während der Blüte herb und bitter werden.

Nutzbare Pflanzenteile

Verwendet werden die jungen Blätter und die Blüten, aber auch die jungen Stängel.

Wichtige Inhaltsstoffe

Der Gute Heinrich enthält u. a. Vitamin C und Mineralstoffe. Mit seinem hohen Anteil an Vitamin C muss er sich hinter Paprika oder Petersilie nicht verstecken!

Verwendung

Guter Heinrich wird auch „Wilder Spinat“ genannt und lässt sich tatsächlich wie Spinat zubereiten, die Blätter kann man als Suppeneinlage verwenden, aber auch wie Sauerkraut einlegen. Sie sollten frisch verzehrt werden. Blüten können in Fett gebraten, die jungen Stängel gebleicht und wie Spargel zubereitet werden.

Besonderheiten/Tipps

Der Name „Gänsefußgewächse“ leitet sich von der Form der Blätter ab.
Wie Spinat auch, enthält der Gute Heinrich Oxalsäure und sollte deshalb nicht zu oft und in großen Mengen gegessen werden.

Kapuzinerkresse

Kapuzinerkresse fällt aufgrund ihrer zartgelben, orangefarbenen oder kräftig roten Blüten sofort in den Blick. Im 16. Jahrhundert sollen holländische Seefahrer die Pflanze aus Südamerika mitgebracht haben, und in Europa soll sie dann zuerst in Klostergärten angebaut worden sein. Daher könnte sie auch ihren deutschen Namen, also die „Kresse der Kapuzinermönche", haben, „Mönchskappe" ist ein weiterer Name im Volksmund. Erinnert der Sporn der Blüte doch an die Kapuze des Mönchsgewandes. Aus den Klostergärten hat sie sich einen Platz in den Bauerngärten erobert und ziert mit ihren fleischigen, langen windenden Trieben Balkone und Zäune. In ihrer Heimat wächst die „Rote Blume aus Peru" ausdauernd, bei uns wird sie einjährig kultiviert. Es gibt niedrige, kugelförmig und kompakt wachsende Formen, aber auch hoch kletternde und reichblühende Schlingpflanzen wie die Kanarische Kresse. Da Kapuzinerkresse sehr frostempfindlich ist, sollte sie erst ab Mitte Mai im Freiland ausgesät werden. Sie lässt sich aber ab April in Töpfen auf der Fensterbank vorziehen. Nach den Eisheiligen dürfen die

Die essbaren Blüten eignen sich sehr gut zum Verzieren von Speisen.

Jungpflanzen dann auch nach draußen. Sie brauchen einen Pflanzabstand von 20 - 25 cm. Gedüngt wird nur mäßig, sonst werden hauptsächlich Blätter und kaum Blüten gebildet. Kapuzinerkresse wächst sehr schnell an Zäunen oder Spalieren entlang. Mit ihren fast runden

Der Saft aus den Blättern hilft bei Wundbehandlung und regeneriert die Haut.

Blättern kann sie große Flächen bedecken und auf diese Weise die Verdunstung aus dem Boden verringern. Will man ihre Blühfreudigkeit erhalten, bricht man die Samenstände regelmäßig aus. Andernfalls sät sich das Kraut reichlich aus und erscheint im nächsten Jahr am gleichen Platz. Inzwischen gibt es sogar Sorten mit gelbgrünen Blättern oder gefüllten Blüten.

Die Pflanze lässt sich fast komplett verwenden – frische junge Triebe, Blätter, Blüten und Samen.

In der Küche wird Kapuzinerkresse aufgrund ihres kresseartigen, pfeffrigen und scharfen Geschmacks geschätzt. Verantwortlich für die Schärfe sind die enthaltenen Senföle.

Die frischen Blätter passen kleingeschnitten zu Salaten, Saucen, Eiergerichten, Rohkost und Quark. Mit den essbaren Blüten lassen sich die Speisen verzieren. Die Knospen eignen sich sogar als Kapernersatz. Das Kraut wirkt allerdings leicht abführend und sollte daher nur sparsam verwendet werden.

Aufgrund ihrer besonderen Eigenschaften und Inhaltsstoffe wird die Kapuzinerkresse auch in der Naturheilkunde eingesetzt. So ist in der Pflanze ein Stoff enthalten, der wie ein Antibiotikum wirkt, ohne dabei jedoch die natürliche Darmflora zu zerstören oder Resistenzen und Allergien auszulösen. Darüber hinaus enthält es Enzyme, ätherische Öle und Vitamin C und gilt unter anderem als appetitanregend, wundheilend, desinfizierend, entzündungshemmend und hautdurchblutend. Es hilft bei Infektionen der Atem- und Harnwege, Nasennebenhöhlen- und Mandelentzündung, Bronchitis und Schnupfen und soll die körpereigenen Abwehrkräfte stärken. Aber Vorsicht bei der Anwendung: Eine Überdosierung kann zu Magen- und Darmbeschwerden führen. Kapuzinerkresse sollte nicht bei Magen-Darm-Geschwüren und Nierenerkrankungen angewendet werden. Säuglinge und Kinder unter vier Jahren sollten nicht damit behandelt werden.

Auch äußerlich angewendet kann das Kraut lindernd wirken: So trägt ein Saft aus den Blättern der Kapuzinerkresse zur Wundbehandlung bei, indem die Hautfunktionen unterstützt werden und das Gewebe sich schneller erneuern kann. Der Saft wirkt desinfizierend.

Über die Kapuzinerkresse (Tropaeolum majus)

Erkennungsmerkmal

Kapuzinerkresse wächst bei uns einjährig, und je nach Art kompakt oder kriechend bis zu 30 cm hoch und mit Kletterhilfe auch in die Höhe rankend. Ihre Ranken können dann durchaus eine Länge von 3 m erreichen. Die nahezu runden Blätter sitzen auf fleischigen Stängeln, die leicht brechen. Kapuzinerkresse blüht reichlich, die Farbpalette erstreckt sich von einem zarten Gelb über Orange bis zu einem kräftigen dunklen Rot. Sie bildet zahlreiche große Samen und stirbt nach dem ersten Frost im Herbst ab. Ihr Geschmack ist kresseartig pfeffrig und scharf.

Standort

Sie bevorzugt feuchten und humosen Boden und gedeiht in der Sonne oder im Halbschatten. Für einen windgeschützten Platz ist sie dankbar. An den Nährstoffgehalt im Boden stellt sie keine besonderen Ansprüche.

Blütezeit

Die zahlreichen Blüten erscheinen von Juni bis September.

Sammelzeit

Gesammelt werden kann Kapuzinerkresse von Mai bis zum Frost.

Nutzbare Pflanzenteile

Man verwendet fast die ganze Pflanze: frische junge Triebe, Blätter, Blüten und Samen.

Wichtige Inhaltsstoffe

Kapuzinerkresse enthält vor allem Vitamine, Mineralstoffe und Senfölglykoside.

Verwendung

Frisch geerntete Kapuzinerkresse sollte sofort weiter verarbeitet werden, da sie sehr schnell welkt. Blätter und Blüten passen in Salate, Saucen, Eiergerichte, Rohkost, Quark und Butter. Die Blütenknospen und Samen werden in Essig und Salz eingelegt und wie Kapern verwendet. Mit den essbaren Blüten gibt man Speisen außerdem dekorativen Pfiff. Wer traut sich, sie mitzuessen?

Besonderheiten/Tipps

Kapuzinerkresse macht sich nicht nur auf dem Balkon in der Blumenampel und im Garten als Einfassungspflanze was her, sie leistet auch gute Dienste: Im Biogarten hält sie einerseits Läuse von Obstgehölzen fern und zieht andererseits selbst die Schwarze Bohnenlaus an, so dass Nutzpflanzen verschont bleiben.

Pfefferminze

„Wenn aber einer die Kräfte, die Arten und Namen der Minze aufzählen wollte, so müsste er auch wissen, wie viele Fische im erythräischen Meer schwimmen..." schrieb der Abt Walahfrid Strabo schon 827 in seinem Werk „Hortulus" (= „Von der Pflege der Gärten").

Recht hatte er! Mit ihren magenfreundlichen, krampflösenden, keimtötenden, verdauungsfördernden, antiseptischen und leicht schmerzstillenden Eigenschaften – um nur einige zu nennen! - ist die Pfefferminze, um die es hier gehen soll, ein bewährtes Heilmittel bei verschiedensten Beschwerden. Sie wuchs im 17. Jahrhundert als erstes in englischen Gärten als eine Kreuzung zweier Arten und wird seit etwa 1780 auch in Deutschland kultiviert. Pfefferminze zählt zu den bekanntesten Heilkräutern und enthält besonders viele ätherische Öle, allen voran das Menthol. Es ist verantwortlich für den erfrischenden und kühlenden Effekt des Pfefferminztees und wirkt außerdem keimhemmend.

Inzwischen ist die Wirkung ihrer Blätter und Öle bei krampfartigen Beschwerden im Magen-Darm-Bereich sowie der Gallenblase und -wege wissenschaftlich erwiesen, sie sollte bei Gallensteinleiden, Gallenblasenentzündung, Verschluss der Gallenwege und schweren Lebererkrankungen jedoch nur in Absprache mit dem Arzt angewendet werden.

Der Tee findet aber nicht nur Anwendung bei Verdauungsstörungen, sondern auch bei Erkältungen und Atemwegserkrankungen. Schon die Heilige Hildegard von Bingen setzte Pfefferminze bei Leiden der Atemwege ein.

Äußerlich angewendet verschafft ein Massageöl aus dem wohltuenden Kraut Linderung bei Muskel- und Nervenschmerzen, Prellungen, Quetschungen und Rheuma. Es regt die Blutzirkulation in Muskeln und Gewebe an und wirkt antiseptisch. Und nicht zuletzt hilft das ätherische Pfefferminzöl, auf die Schläfen aufgetragen, bei Kopfschmerzen, wobei keine Nebenwirkungen zu erwarten sind. Das war schon Plinius dem Älteren bekannt: Er legte bei Kopfschmerzen Pfefferminzblätter auf die Schläfen. Verantwortlich für den lindernden Effekt ist der Kältereiz des Menthols.

Trotz dieser vielen positiven Eigenschaften ist die Minze nicht für den Dauergebrauch bestimmt. Sie kann sogar bei häufigem und reichlichem Genuss den Magen reizen und zu Magenschmerzen führen. Vor allem für Kinder unter fünf Jahren ist Pfefferminze oder ihr ätherisches Öl nicht geeignet. Auch in der Schwangerschaft und Stillzeit oder während homöopathischer Behandlungen sollte das Kraut nicht angewendet werden.

Wenn man auf einen Becher Minze-Tee dennoch nicht verzichten möchte, kann man ihn aus Apfelminze oder Krauser Minze zubereiten, beide enthalten weniger Menthol als die Pfefferminze und sind nicht so scharf.

Neben ihrer Anwendung in der Heilkunde hat die Pfefferminze aber noch mehr zu bieten, denn sie macht sich sogar als Haushaltshilfe nützlich: Legt man beispielsweise Minzeblätter um Lebensmittel herum, sollen diese vor Mäusen sicher sein. Auch Ameisen, Blattläuse und Kohlraupen sollen vertrieben werden. Und im Garten neben Kohl, Erbsen und Tomaten gepflanzt, unterstützt Pfefferminze deren Wachstum.

Nach dem Trocknen bewahrt man die Blätter dunkel in einem verschließbaren Gefäß auf, so bleibt das Aroma am besten erhalten.

Bestimmt hat jeder schon einmal Pfefferminztee mit einem Teebeutel zubereitet. Sie lässt sich auch sehr gut trocknen, ganz unvergleichlich schmeckt aber natürlich ein Tee aus frischen Blättern! Wenn Sie sich für diesen Genuss Minze in den eigenen Garten holen wollen – Achtung, das Sammeln verschiedener Minze-Arten birgt einen gewissen Sucht-Faktor! Sorgen Sie für eine Wurzelsperre oder schneiden Sie aus einem großen Plastiktopf den Boden heraus und pflanzen Sie die Minze in diesem Topf in den Garten, weil sie zum Wuchern neigt. Sie breitet sich durch Wurzelausläufer aus und bleibt nicht an ihrem Platz. Geerntet wird kurz vor der Blüte an einem sonnigen Tag, vorzugsweise am späten Vormittag, dann ist der Gehalt an ätherischen Ölen am höchsten. Die Blätter werden vom Stängel gezupft – nicht zerkleinert –, im luftigen Schatten ausgebreitet und zügig getrocknet. Nach dem Trocknen bewahrt man die Blätter dunkel in einem verschließbaren Gefäß auf, so bleibt das Aroma am besten erhalten.

Über die Pfefferminze (Mentha x piperita)

Erkennungsmerkmal

Minzen gehören zur Familie der Lippenblütler. Es gibt sie in vielen Arten und Sorten. Sie zeichnen sich aus durch vierkantige Stängel, meist herzförmige bis längliche Blätter mit gesägtem Blattrand und hellrosa- bis violettfarbene Blütenstände. Im Winter ziehen sie ein, um im Frühjahr wieder frisch auszutreiben. Sie wachsen mehrjährig und haben die Eigenschaft, sich über Ausläufer auszubreiten. Außerdem kreuzen sie sich gern wild durcheinander. Auf diese Weise ist auch die Pfefferminze entstanden: Sie ist eine Kreuzung aus Wasserminze (Mentha aquatica) und Grüner bzw. Ähriger Minze (Mentha spicata). Sie kann bis zu 90 cm hoch werden und duftet beim Zerreiben der Blätter nach Menthol.

Standort

Pfefferminze möchte sonnig bis halbschattig in leicht feuchtem, nährstoffreichem Boden stehen.

Blütezeit

Die Blütezeit erstreckt sich von Juli bis September.

Sammelzeit

Sammeln kann man Minze von März bis September

Nutzbare Pflanzenteile

Verwendet werden die Blätter, Blüten oder ganze Triebspitzen.

Wichtige Inhaltsstoffe

Minze enthält u. a. Gerbstoffe, Bitterstoffe, Menthol und ätherische Öle.

Verwendung

In der Küche findet Pfefferminze Verwendung in Salaten, Suppen, Soßen, zu Eiern und Quark. Eine interessante Note gibt sie Gemüse, Fisch und Fleisch. In vielen Süßigkeiten ist sie nicht wegzudenken, genauso wie in der klassischen englischen Minzsoße oder alkoholischen Getränken.

Besonderheiten/Tipps

Pfefferminztee wird vielfach als „Haustee" und zum Durstlöschen eingesetzt, sollte aber wegen des hohen Mentholgehalts nicht über längere Zeit genommen werden. Er wird aus einem Teelöffel getrocknetem Kraut (oder der doppelten Menge frischen Blättern) und einem Viertelliter heißem Wasser zubereitet und sollte abgedeckt 10 Minuten ziehen. Bei zu häufigem Genuss kann es zu Magenschmerzen oder -reizungen kommen. Bekömmlicher sind, vor allem für Kinder, Krause Minze oder Apfelminze, da ihr Gehalt an Menthol geringer ist. Äußerlich angewendet wird Pfefferminzöl bei Kopfschmerzen.

Petersilie

Im Garten eher „zickig“, bringt die Petersilie manchen Kräutergärtner zur Verzweiflung. Sie kann vom zeitigen Frühjahr bis Ende Juni im Freiland ausgesät werden, keimt aber sehr langsam. Man sagt, Petersilie müsse vor der Keimung nach Rom pilgern und sich beim Heiligen Petrus die Erlaubnis zum Keimen holen. Und dafür braucht sie dann eben sieben Wochen. Andere Quellen besagen, sie müsse den Teufel um Erlaubnis bitten. Und wenn dann noch ein Teil der Saat gar nicht aufgeht, hat eben der Teufel sich seinen Zehnten geholt. Lediglich am Karfreitag ausgesäte Petersilie soll vor dem Teufel sicher sein. Im Volksmund heißt es aber auch, die Petersilie gedeihe nur dort, wo die Frau tonangebend wäre. Machen Sie sich also nichts daraus, wenn die Petersilie in Ihrem Garten nicht wachsen will: Sie sind in guter Gesellschaft!

Vielleicht ziehen Sie die Petersilie einfach auf der warmen Fensterbank vor. Bedenken Sie bei der Aussaat auch, dass Petersilie mit sich selbst unverträglich ist, sie sollte also im Garten nicht zweimal hintereinander am selben Platz ausgesät werden.

Petersilie hat viele Volksnamen, z.B. Peterchen, Peterlein oder Peterling, was gleichzeitig ein Name für den Teufel war. Es konnte ja nur der Teufel im Spiel sein, wenn Petersilie von kräuterkundigen Weibern für Abtreibungen eingesetzt wurde! Aus dieser Zeit stammt der Name „Petersiliengasse“ für die Strassen, in denen sich die damaligen Bordelle, die „Frauenhäuser“, befanden. Im Schleswiger Raum hieß es

„Suse de bruse
Wo want Peter Kruse
in den Petersiljensträt
war de wakkern meisjes gat.“

Petersilie war eines der am häufigsten verwendeten Abtreibungsmittel und führte bei hoher Dosierung zu Vergiftungserscheinungen bis hin zum Verbluten. Aus diesem Grund soll Friedrich der Große den Anbau des Krautes in seinem Königreich verboten haben. Verantwortlich für abortive Wirkung sind die im ätherischen Öl enthaltenen Stoffe Apiol und Apiin. Nicht selten gingen diese Eingriffe also tödlich aus – für Kind und Mutter. Bekannt ist die Petersilie aber auch als harntreibendes und aphrodisierendes Mittel. Im

17. Jahrhundert war sie nicht nur Bestandteil in Flugsalben, sondern gehörte auch in zahlreiche Zauber- und Liebestränke hinein, deren genaue Rezepturen Ihnen hier aber erspart bleiben. Daher der Ausspruch „Petersilie bringt den Mann aufs Pferd und die Frau unter die Erd!".

Petersilie war eines der am häufigsten verwendeten Abtreibungsmittel.

Die Heilwirkung der Petersilie bei Erkrankungen der Harnwege ist inzwischen wissenschaftlich nachgewiesen. Bei Blasenentzündungen oder zur Vorbeugung gegen Nierengrieß wird ein Tee aus Blättern oder Wurzeln zubereitet. Für einen Becher werden 2 Teelöffel Blätter oder die halbe Menge der Wurzel mit einem Viertel Liter kochendem Wasser übergossen und gut 10 min ziehengelassen.

Wenn Mädchen keinen Tänzer fanden, verspottete man sie mit den Worten „Sie halten ihre Petersilie feil". Oder es hieß andersherum: „Sie ist ihre Petersilie los."
Die Pflanze soll, wenn sie denn reichlich im Garten wächst, außerdem Gespenster und Hexen abwehren. Als Giftindikator wurde sie in Pilzgerichte gegeben. Wenn sich das Kraut verfärbte, waren giftige Pilze dabei, blieb sie grün, konnte man die Speise gefahrlos essen.
Obwohl die Petersilie ursprünglich nicht bei uns heimisch ist, ist sie heute ein Klassiker in der kalten Küche. Sie wird zur Verfeinerung oder Dekoration von Speisen genutzt und passt zu Fleisch, Fisch, Saucen, Suppen, Gemüse, Eierspeisen, Salaten, Quark und Käse. Dabei wird sie nicht mitgekocht, sondern erst gegen Ende der Garzeit oder beim Servieren zugegeben.

Über die Petersilie (Petroselinum crispum)

Erkennungsmerkmal

Petersilie ist ein zweijähriges Doldengewächs und wird bis zu 90 cm hoch. Im ersten Jahr bildet sie Blätter, im zweiten Jahr die Blüte. Ihre Stängel, die zu mehreren aus der langen Wurzel entspringen, sind rund oder leicht gerillt, die Blätter dunkelgrün und gefiedert und je nach Art glatt oder gekraust. Ihre Blüten sind grünlich-gelb. Ihr Geruch ist würzig.
Die Wurzelpetersilie ist eine Variation, außerdem unterscheidet man kraus- und glattblättrige Arten, wobei die krausblättrige Petersilie wiederum je nach Stärke der Kräuselung unterteilt wird. Die glatte Petersilie gilt als noch aromatischer als die krause.

Standort

Petersilie braucht feuchten, nährstoffreichen und gern kalkhaltigen Boden in Sonne oder Halbschatten.

Blütezeit

Petersilie blüht im Juni und Juli des zweiten Jahres.

Sammelzeit

Die Wurzel wird im Herbst ausgegraben, die Blätter über den Sommer fortlaufend geerntet. Dabei ist es wichtig, nur die äußeren Blätter zu entfernen und das „Herz“ der Pflanze stehenzulassen, so ist die weitere Ernte gesichert.

Nutzbare Pflanzenteile

Verwendet werden Wurzeln und Blätter.

Wichtige Inhaltsstoffe

Petersilie enthält u. a. ätherische Öle und besonders viel Vitamin C.

Verwendung

Das Kraut wird frisch verwendet oder eingefroren, nicht mitgekocht. Durch Trocknung würde es an Geschmack und Aroma verlieren. Petersilie passt zu vielen Gerichten: zu Fleisch, Geflügel, Fisch, Saucen, Suppen, Gemüse, Eierspeisen, Salaten, Quark, Käse und Kartoffeln. Die Wurzeln können frisch im frostfreien Keller eingelagert oder zerkleinert und getrocknet werden. Sie werden als Gemüse zubereitet oder sind Bestandteil vom Suppengrün.

Besonderheiten/Tipps

Durch eine Überdosierung des Krautes oder den Genuss der Samen kann es zu erheblichen Vergiftungserscheinungen kommen. Schwangere sollten besser auf Petersilie in großen Mengen verzichten, weil die Pflanze, vor allem ihre Samen, mit ihren Inhaltsstoffen Kontraktionen der Gebärmutter auslösen kann.

Schnittlauch

Häufig lacht einem der Schnittlauch im Gartenbeet oder aus dem Küchenkräuter-Regal entgegen. Mit seinem feinen zwiebelartig-scharfen Aroma eignet er sich hervorragend für die frische Küche und gehört in Kartoffel- und Eiergerichte, Kräuterquark und -butter sowie in Salate, Saucen und Suppen. Ein besonderer Genuss ist er pur auf's Butterbrot gestreut. Mitgekocht wird er nicht, sondern erst gegen Ende der Garzeit oder vor dem Servieren zugegeben, weil er durch das Erhitzen seine wertvollen Inhaltsstoffe verlieren würde. Die grünen Röhren lassen sich fast das ganze Jahr über ernten, die Blätter des ersten Frühlingsaustriebs sind jedoch am würzigsten und saftigsten. Von Juni bis August kommen dann die ebenfalls scharf schmeckenden Blüten dazu. Versuchen Sie sie einmal!
Nach der Ernte treibt Schnittlauch wieder aus, Sie sollten aber trotzdem nicht ganze Büschel „abräumen", das würde die Pflanze zu sehr schwächen, besser ist es, von verschiedenen Pflanzen zu ernten. Schneiden Sie die Halme etwa 2 cm über dem Boden ab. Mit Hilfe besonderer Kräuterscheren, die aus mehreren Klingen bestehen, lassen sich die Halme in der Küche schnell zerkleinern.
Im Garten ist er als blühende Beeteinfassung geeignet, kann aber auch das ganze Jahr über im Topf am Küchenfenster gehalten werden. Wer die Möglichkeit hat, stellt bzw. pflanzt ihn zumindest im Sommer nach draußen. Das Kraut liebt ein sonniges bis halbschattiges, feuchtes Plätzchen mit kalkhaltigem und nährstoffreichem Boden. Als Dünger eignet sich sogar übriggebliebener Kaffeesatz. Verhindern Sie nach der Blüte die Samenbildung, denn sie kostet die Pflanze nur unnötig Kraft. Gleichzeitig wird die Pflanze angeregt, weitere Blätter zu bilden. Schnittlauch lässt sich im März und April aussäen oder durch Teilung vermehren. Pflanzen Sie die Teilstücke mit etwas Kompost wieder in die Erde. Schnittlauch kann – wie Knoblauch – neben Rosen gepflanzt werden und schützt diese vor Blattläusen. Bei Nutzpflanzen entfaltet er diese Wirkung genauso und kann deren Wachstum begünstigen.

Die Inhaltsstoffen besitzen antiseptische Eigenschaften und wurden daher schon vor Jahrtausenden als Gegengift verwendet.

Auch in der Magie hat Schnittlauch seinen Platz. Angeblich wuchs er nur kräftig, wenn er gestohlen oder erbettelt worden war. Andererseits bedeutete eine schön gewachsene Schnittlauchpflanze eine böse Hausfrau. Wenn der Schnittlauch sich aus dem Garten verabschiedete, wurde einem Aberglauben nach der Tod des Hausbesitzers befürchtet. Darüber hinaus hieß es, dass das Kraut sogar böse Zauber abwehren könne. Zum Schutz gehört der Schnittlauch deshalb in Deutschland am Gründonnerstag auf den Tisch.
Schnittlauch ist sehr gesund und unter anderem reich an Vitamin C, Provitamin A, ätherischen Ölen, Senfglykosiden und Mineralstoffen. Mit diesen

Die enthaltenen ätherischen Öle wirken sich positiv auf den Blutdruck und die Verdauung aus.

Inhaltsstoffen besitzen die grünen Röhren auch antiseptische Eigenschaften und wurden daher schon vor Jahrtausenden als „Gegengift" verwendet. Die enthaltenen ätherischen Öle wirken sich positiv auf den Blutdruck und die Verdauung aus. Durch seinen Vitamingehalt stärkt der Schnittlauch das Immunsystem und sollte besonders in den Wintermonaten und im Frühjahr frisch verwendet auf der häuslichen Speisekarte nicht fehlen. Als Appetitanreger ist das Lauchgewächs ebenfalls geeignet.
In der Volksheilkunde wurden die Blätter früher bei der Behandlung von Insektenstichen oder Rheumabeschwerden eingesetzt.
Karl der Große ordnete den Anbau von Schnittlauch in seiner Landgüterverordnung an, was sicherlich zur Verbreitung beigetragen hat. Inzwischen ist es eines der beliebtesten und bekanntesten Küchenkräuter.

Über den Schnittlauch (Allium schoenoprasum

Erkennungsmerkmal

Schnittlauch gehört zur Familie der Lauchgewächse. Die röhrenförmigen Blätter haben ihm den Namen Gras- oder Binsenlauch eingetragen. Schnittlauch ist mehrjährig und winterhart. Die Halme sterben bei Frost ab, die Zwiebeln treiben aber im zeitigen Frühjahr neu aus. Seine grasartigen Büschel können bis zu 30 cm hoch werden. Die kugelige Blüte ist weiß bis rosa-violett, es gibt aber auch Sorten mit weinroter Blüte. Schnittlauch besitzt ein kräftiges Zwiebel-Aroma.

Standort

Schnittlauch möchte im Garten einen sonnigen oder halbschattigen Platz mit kalkhaltigen, nährstoffreichen Boden, gern auch ein bisschen feucht.

Blütezeit

Die Blüte dauert von Juni bis August.

Sammelzeit

Die Blätter kann man fast das ganze Jahr über ernten.

Nutzbare Pflanzenteile

Man verwendet die röhrenförmigen Blätter, aber auch die Blüten. Sie schmecken genauso scharf wie die Blätter. Die Blütenstängel sind fester als die Röhrenblätter und nicht so schmackhaft. Auch die Zwiebeln finden in der Küche Verwendung.

Wichtige Inhaltsstoffe

Schnittlauch enthält u. a. ätherische Öle, Mineralstoffe und Vitamine.

Verwendung

Schnittlauch schmeckt am besten frisch in Salaten, Saucen und Suppen, zu Eiern und Kartoffeln, in Kräuterbutter oder -quark. Er wird nicht mitgekocht. Die Blüten sind eine leckere Dekoration für Salat und Kräuterquark. Schnittlauch wird konserviert, indem man ihn einfriert. Beim Trocknen würde er Inhaltsstoffe und Aroma einbüßen. Da er aber fast das ganze Jahr zu haben ist, ist eine Konservierung kaum notwendig.

Besonderheiten/Tipps

Im Herbst kann Schnittlauch ausgegraben und für die Treiberei genutzt werden. Man lässt ihn einmal durchfrieren, topft ihn frisch ein und stellt ihn auf die Fensterbank. Die oberirdischen Pflanzenteile sterben bei Frost ab, aus den Zwiebeln treibt er am Küchenfenster aber wieder aus. So muss man auch im Winter nicht auf die frischen Röllchen verzichten, die viel Vitamin C enthalten.

Waldmeister

Kinder kennen ihn als Brausepulver, Eis oder Wackelpudding, Erwachsene vielleicht eher aus der Mai-Bowle: den Waldmeister. Maikraut, Maiblume oder Maitrank wird er auch genannt. Ein Benediktinermönch namens Wandalbertus soll zum ersten Mal den Maiwein angesetzt und im Jahr 854 darüber geschrieben haben. Die Bowle wird mit trockenem Weißwein und Sekt hergestellt und soll nicht nur wegen des Alkoholgehalts stimmungsaufhellend sein.

Waldmeistertee wirkt gegen Migräne und Kopfschmerzen.

In Maßen genossen ist das aromatische Kraut nämlich durchaus gesund. Bereits im Mittelalter nutzte man es nicht nur als Küchen-, sondern auch als Heilkraut. Es enthält Vitamine, Eisen, Kalium, Calcium, Magnesium, Gerb- und Bitterstoffe sowie Cumaringlycosid. Aufgrund dieses Stoffes ist der Waldmeister in Verruf geraten. In der Volksmedizin wird er eingesetzt, um die Tätigkeit von Blase und Nieren anzuregen. Weitere Anwendungsgebiete sind Durchblutungsstörungen, Erkrankungen der Verdauungsorgane, Schlafstörungen, Herzschwäche, Herzklopfen und Unterleibsbeschwerden. Bei Schlafstörungen wird ein mit dem Kraut gefülltes Säckchen auf dem Kopfkissen empfohlen. Am bekanntesten ist jedoch die Wirkung des

Tees bei Kopfschmerzen und Migräne. Für eine Tasse überbrüht man einen Teelöffel des Krautes mit heißem Wasser. Allerdings dürfen von dem Aufguss nur maximal zwei Tassen pro Tag über einen kurzen Zeitraum getrunken werden. Der häufige und reichliche Genuss des Waldmeisters kann nämlich zu Kopfschmerzen, Benommenheit, Schwindel und sogar Leberschäden führen.

Auch eine äußerliche Anwendung kennt die Volksheilkunde. Zerquetschte frische Blätter werden auf Wunden oder bei Kopfschmerzen auf die Stirn gelegt, und ein starker Aufguss aus der getrockneten Pflanze lässt sich für Umschläge oder Kompressen nutzen.

In früheren Zeiten wurde dem Kraut sogar eine magische Wirkung zugesprochen. So soll es ein zuverlässiges Mittel gewesen sein, um Hexen zu vertreiben. Wenn Menschen griesgrämig waren oder Unmut verbreiteten, konnte man auf die Zimmerböden Waldmeister verstreuen oder Büschel zwischen die Wäsche legen bzw. in die Matratzen stopfen, damit wieder eine freundliche Stimmung im ganzen Haus einzog. Kühen, die nicht fressen wollten, gab man das Kraut ins Futter. Und im Wäscheschrank vertreibt es Motten.

Waldmeister ist in Nord- und Mitteleuropa heimisch. Im Garten wird er gern von Bienen als Weide genutzt und ist ein hübscher Bodendecker unter Laubgehölzen. Der Boden lässt sich mit Kompostgaben und gegebenenfalls auch mit Kalk verbessern. Sagt ihm der Standort zu, breitet sich der Waldmeister stark aus. Dies geschieht zum einen durch Ausläufer, aber auch über die Samen, die zum Keimen eine Kälteeinwirkung benötigen. Die gezielte Vermehrung erfolgt am besten durch Teilung, denn die Aussaat der kleinen Samen ist eher mühsam. Sie besitzen Borsten, mit denen sie sich im Fell von Tieren verhaken und so weiterverbreitet werden. Im Winter sterben die überirdischen Teile der Pflanze ab, im darauffolgenden Frühjahr treibt der Waldmeister wieder neu aus.

Zur Erntezeit von April bis Mai wird er kurz über dem Boden abgeschnitten. Die Pflanzenteile werden gebündelt und dann an einem schattigen, luftigen Ort zum Trocknen aufgehängt. Letzteres muss zügig geschehen, damit sich das Kraut dabei nicht dunkel verfärbt und unbrauchbar wird. Nachdem es ein paar Stunden angewelkt ist, entfaltet es seinen typischen Geruch. Verantwortlich hierfür ist das Cumaringlycosid, das beim Verwelken zu Cumarin wird. Die getrockneten Pflanzenteile werden in gut verschlossenen Gefäßen möglichst dunkel aufbewahrt.

Über den Waldmeister (Galium odoratum)

Erkennungsmerkmal

Waldmeister gehört zur Familie der Rötegewächse und wird 15 bis 30 cm hoch. Er wächst ausdauernd und ist winterhart. Seine dunkelgrünen, länglichen Blätter sitzen zu sechst bis neunt in Quirlen auf dem vierkantigen Stängel, die winzigen, sternförmigen Blüten sind weiß. Wenn ihm der Standort zusagt, breitet sich Waldmeister über Ausläufer stark aus und bildet ganze Teppiche. Der typische aromatische Duft entsteht erst beim Trocknen.

Standort

Waldmeister wächst in halbschattigen bis schattigen Laubwäldern, am liebsten unter Rotbuchen. Er bevorzugt humose, lehmige und kalkhaltige Böden, die frisch bis feucht sind.

Blütezeit

Die Blütezeit liegt im Mai und Juni.

Sammelzeit

Gesammelt wird Waldmeister vor der Blüte, von April bis Mai.

Nutzbare Pflanzenteile

Vom Waldmeister verwendet man die ganzen Triebe.

Wichtige Inhaltsstoffe

Waldmeister enthält u. a. Vitamine, Mineralien, Gerb- und Bitterstoffe sowie Cumaringlycoside.

Verwendung

Man schneidet das Kraut über dem Boden ab und lässt es ein paar Stunden anwelken. Erst dann entfaltet sich der typische Duft. Waldmeister kommt in Bowlen, Likören, Säften, Sirup, Gelee, Eis und anderen Süßspeisen zum Einsatz. Zum Aromatisieren von Bowlen wird ein Büschel Waldmeister nach dem Anwelken für etwa 20 min in das Getränk gehängt. Dabei sollten die Schnittstellen des Waldmeisters nicht die Bowle gelangen. Legen Sie dazu einen Löffel quer über das Bowle-Gefäß und binden den Waldmeister daran fest.
Eine alkoholfreie Bowlen-Variante erhält man mit Trauben- oder Apfelsaft und Wasser.

Besonderheiten/Tipps

Ein Tee aus Waldmeister kann gegen Kopfschmerzen helfen. Häufiger und reichlicher Genuss des Waldmeisters kann jedoch das Gegenteil bewirken und zu Kopfschmerzen, Benommenheit, Schwindel und sogar zu Leberschäden führen, da das Kraut schwach giftig ist. Kopfschmerzen im Mai rühren also nicht unbedingt nur vom Alkohol in der Maibowle her!

Wildkräuter

Brennnessel

Die Brennnessel ist eine ganz besondere Pflanze. Im Gottorfer Codex ist sie umgeben von Narzissen- und Tulpenarten und anderen exotischen Pflanzen. Natürlich ist sie nicht im ersten Band auf der ersten Seite des Pflanzenatlas abgebildet. Nein, sie befindet sich im Hintergrund - im vierten und letzten Band. Das vierbändige Werk wurde im Auftrag von Herzog Friedrich III von Schleswig-Holstein-Gottorf in den Jahren 1649 bis 1659 erstellt. Im Gottorfer Codex sind insgesamt 363 Tafeln mit 1180 Abbildungen enthalten. Die liebevoll gestalteten Abbildungen wurden von dem Hamburger Künstler Hans Simon Holtzbecker gezeichnet. Heute wird der Gottorfer Codex im Kopenhagener Staatsarchiv aufbewahrt. Einige Seiten wurden in den zurückliegenden Jahren der Öffentlichkeit zugänglich gemacht und im Landesmuseum für Kunst und Kulturgeschichte, Schloss Gottorf, ausgestellt. Die Brennnessel ist aber nicht nur im Gottorfer Codex zu finden. Sie spielt eine wichtige Rolle in Märchen und Erzählungen. Im Grimmsche Märchen „Jungfrau Maleen“ findet der Prinz mit ihrer Hilfe die richtige Braut. Im Märchen „Die wilden Schwäne“ von Hans Christian Andersen schafft es die kleine Elise, den Bannspruch, der ihren Brüdern auferlegt worden ist, zu brechen. Dies gelingt ihr dadurch, dass sie Hemden aus den Fasern der Brennnessel webt.

Die Verarbeitung von Fasern der Brennnessel war in vergangener Zeit nicht ungewöhnlich. Bis ins 18. Jahrhundert wurden das Nesseltuch aus den bis zu 7 cm langen Fasern hergestellt. Erst durch die Einführung der Baumwolle in Europa verlor die Herstellung von Nesseltuch seine Bedeutung. Aus der Hanfnessel, wie die Brennnessel auch genannt wird, wurden später nur noch Schiffstaue und Garne hergestellt. Wenn man heute Nesselstoff in einem Geschäft kauft, erhält man meist ein aus ungebleichter Baumwolle hergestelltes Gewebe. Auch wenn sie ihre Bedeutung als Wirtschaftsfaktor bei der Produktion von Nesselstoff, Schiffstaue und Garnen verloren hat, ist sie immer noch eine tolle Färbepflanze. Sie zaubert in Wolle oder Seide eine wunderschöne Grünfärbung – so grün wie die saftigen Wiesen im Sommer.

Bei einer Reise durch Felder und Wiesen, durch das Land Schleswig-Holstein, stößt man immer wieder auf das Nesselblatt. Bei einem Blick auf das Landeswappen fällt das gezackte Dreieck im linken Feld des Wappen auf. Dabei handelt es sich um das holsteinische Nesselblatt. Wer achtsam ist, entdeckt das Nesselblatt auf seiner Reise auch in den Wappen der Kreisfreien Städte Flensburg, Kiel und Neumünster oder in den Wappen der Kreise Pinneberg, Plön, Segeberg, Steinburg und Rendsburg-Eckernförde.

Nur der, der es schafft, auf seinen Weg kurz innezuhalten, kann mit der Groten Nettel direkt Kontakt aufnehmen. Einmal umdrehen - da stehen sie, nur eine Hand breit vom Weg entfernt. Eine große Schar an Brennnesseln, dicht an dicht gedrängt und sich gegenseitig schützend. Nicht zu unrecht tragen sie bei uns den Namen Stecknettel. Denn schon oft haben sie kleine Kinderhände erst gestochen und dann ein Jucken und Brennen hinterlassen. Doch auch den Erwachsenen ergeht es nicht anders, wenn sie die Pflanze berühren. Vor der Brennnessel sind nur wahrhaftige Jungfrauen oder Pflanzenkundige gefeit. Der Pflanzenkundige packt die Brennnessel beherzt. Dabei achtete er darauf die Nesseltriebe von oben nach unten zu streichen. So kann er verhindern, dass sich die kleinen glasartigen spröden Brennhaare beim Brechen in die Haut bohren und dabei u.a. Histamine und Ameisensäure injizieren.

„Wenn ihr an Nesseln streifet,
So brennen sie;
Doch wenn ihr fest sie greifet,
Sie brennen nie.
Auch die Gemeinen
Naturen nie.
Doch preßt ihr wacker
Wie Nußaufknacker,
So zwingt ihr sie."

Friedrich Rückert

Sollte der beherzte Griff beim ersten mal nicht gleich klappen und es zu brennen anfangen, lässt sich in der Nähe der Brennnesseln sicherlich ein Gegenmittel finden. Die juckende Stelle kann z.B. mit einem zerknüllten saftigen Blatt des Ampfers eingerieben werden. Die Säfte sollen der Quaddelbildung entgegenwirken. Der, der das Jucken und das Brennen erträgt, wird dafür belohnt. Die gestochenen Hände werden feinfühliger. Nicht grundlos hat sich die Brennnessel ein solch raffiniertes Abwehrsystem zugelegt. Wäre die Brennnessel nicht so wehrhaft, hätten wir sie bestimmt in kürzester Zeit ausgerottet.

Unsere Vorfahren wussten um die inneren Werte der Großen Heilerin. Die froststrotzende Frühjahrspflanze hilft bei unzähligen Erkrankungen. Mit ihrem hohen Anteil an Vitamin C wirkt sie gegen viele Mangelerkrankungen. Wer die Pflanze nutzt, braucht keine Südfrüchte aus dem Supermarkt oder Multivitaminpillen aus der Apotheke. Sie vertreibt jede Frühjahrsmüdikeit und bringt den Körper wieder ins Gleichgewicht. Auch wenn wir heute wissen, dass sie neben Vitamin C auch viel Eisen, Kalium, Vitamin A und Eiweiß enthält, kennen wir nur einen kleinen Teil der Heilkraft der Groten Nettel. Klinische Untersuchungen bestätigen immer wieder andere Wirksamkeiten. So soll sie u.a. bei gutartigem Prostataleiden helfen.

Die Brennnessel hilft aber nicht nur den Menschen. Ohne die Grote Nettel hätten viele Schmetterlinge keine Kinderstube für ihre Raupen. Für die Raupen der Schmetterlinge sind Brennnesseln ein sehr, sehr wichtiger Futterplatz. Über 70 Insekten finden hier ihren kleinen Lebensraum. Wer gerne mal wieder einen farbenfrohen Admiral, ein Tagpfauenauge oder einen Kleinen Fuchs sehen möchte, sollte in seinem Garten eine kleine Ecke für die Kinderstube der Schmetterlinge freihalten.

Über die Große Brennnessel (Urtica dioica)

Erkennungsmerkmal

Die Große Brennnessel ist mehrjährig und kann bis zu 1,20 m hoch werden. Die Stängel sind kantig, die Blätter grob gezähnt. Sie blüht unauffällig in grünlichen Rispen. Die Verbreitung erfolgt über die anschließend gebildeten Samen und das weitläufige Wurzelwerk. Mit den feinen Brennhaaren hat sicherlich jeder schon einmal Bekanntschaft geschlossen. Tröstlich ist vielleicht, dass die kleine Schwester, die Kleine Brennnessel (U. urens) noch stärker brennt.

Standort

Die Brennnessel wächst auf jedem feuchten bis frischen, gerne nährstoffreichen Boden, in der Sonne und im Halbschatten. Sie ist eine sogenannte Zeigerpflanze: Wo sie wächst, ist der Boden besonders stickstoffhaltig.

Blütezeit

Die Blütezeit erstreckt sich von Juni bis Oktober.

Sammelzeit

Gesammelt werden von März bis Oktober die jungen Blätter, ab Ende August auch die reifen Samen.

Nutzbare Pflanzenteile

Man verwendet die getrockneten oder frischen Blätter und die Samen. In der Pflanzenheilkunde wird sogar die Wurzel eingesetzt.

Wichtige Inhaltsstoffe

Brennnesseln enthalten u. a. viele Mineralstoffe, vor allem Eisen, Calcium, Kalium und Silicium.

Verwendung

Brennnesseln können in der Küche als Tee, in Suppen, Salaten, Pestos, Gemüse- und Eiergerichten verwendet werden. Der Name „Spinat der Armen" verweist auf eine weitere Zubereitungsart.
Die Samen sind ein schneller Energielieferant für zwischendurch.
Mit ihrem hohen Eisengehalt ist die Brennnessel ein ausgesprochenes Frauenkraut! Bei histamin-empfindlichen Menschen sind allerdings allergische Reaktionen oder Magenreizungen möglich. Ebenfalls Vorsicht ist geboten bei eingeschränkter Nieren- und Herztätigkeit.

Besonderheiten/Tipps

Unbeschadet ernten kann man die Brennnessel angeblich, wenn man den Atem anhält. Auch Jungfrauen sollen gefahrlos zugreifen können. Vielleicht versuchen Sie es trotzdem lieber mit Handschuhen. Wenn man das Kraut in einem Geschirrtuch leicht zusammengedrückt, zerbrechen die Brennhaare und es kann gefahrlos weiterverarbeitet werden. Zum Trocknen werden ganze Triebe gebündelt kopfüber aufgehängt.
Außerdem lässt sich aus der Brennnessel diese wohlriechende Jauche für den Garten herstellen, die – verdünnt ausgebracht – mit der enthaltenen Kieselsäure Ihre Pflanzen stärkt und widerstandsfähiger gegen pilzliche Erreger macht. Ein bisschen Steinmehl im Jauchefass schont die Nase.

Gänseblümchen

Das Gänseblümchen berührt auf seine ganz eigene Weise. Für jeden, der seine Nähe sucht und sich für es Zeit nimmt, schafft es besondere kostbare Momente. Negative Gefühle und Gedanken werden zur Seite geschoben. Ohne, dass wir uns noch genau daran erinnern können, ist es die Pflanze, mit der wir in unserer Kindheit am meisten Kontakt hatten. Wieviele Blumenketten oder Blumenkronen wurden von Kinderhänden nicht schon geflochten? Sie verlässt uns auch nicht an kalten Tagen. Wenn sie es will, kann sie auch in dieser Zeit blühen. Die germanischen Stämme hier im Norden sahen in dem blühenden Gänseblümchen etwas ganz Besonderes. Das Gänseblümchen hatte eine enge Beziehung mit dem Sonnengott Baldur. Wenn der Blütenkelch offen ist, dann ist auch Baldur anwesend. Wir wissen heute, dass das Gänseblümchen wirklich verlässlich das Wetter anzeigen kann. Normalerweise ist der Blütenkelch nachts geschlossen und tagsüber geöffnet.

Die Blümelein, sie schlafen schon längst
im Mondenschein,
sie nicken mit dem Köpfchen auf ihrem Stengelein,
es rüttelt sich der Blütenbaum,
und säuselt wie im Traum,
schlafe, schlafe, schlafe eine mein
Kindelein.

Bleibt der Kelch aber morgens geschlossen, dann lässt sich tagsüber kaum die Sonne blicken, und Regen ist im Anmarsch. Das Gänseblümchen schläft einfach weiter.

Wie es bei vielen Dingen ist, war auch das Positive des Gänseblümchens bestimmten „Gruppen" ein Dorn im Auge. So wurde ihm nachgesagt, dass in jedem Gänseblümchen eine Kinderseele gefangen sei und auf ihre Wiedergeburt warten würde. Auch würde der Genuss der kleinen Pflanze das Wachstum dämpfen. Im 18. Jahrhundert wurde versucht, über verschiedene Verordnungen das Gänseblümchen auszurotten. Es galt als Saatwucherpflanze. Bei wem es gefunden wurde, der musste ein Bußgeld bezahlen. Dabei schadet die kleinwüchsige Pflanze nun wirklich niemanden. So gedeiht sie auch nicht überall und hat besondere Anforderungen an ihren Standort. Besonders gut geht es ihr auf kurzgehaltenen Wiesen oder

Rasenflächen. Obgleich es fast in jedem Garten genügend Rasenflächen für das Gänseblümchen gibt, ist es bereits so selten geworden, dass es geschützt werden muss. Unsere Rasenflächen sind „aufgeräumt", gut gedüngt und zur Not mit Herbiziden behandelt. Hier ist kein Platz mehr für den kleinen Sonnenschein.

An der Nordsee heißt das Gänseblümchen auch Diekbloom – Deichblume

Wer ihn in Schleswig-Holstein sucht, findet ihn an der Nordseeküste. Hier hat er sich sein eigenes Reich gesichert. Jeder Deich gewährt ihm Unterschlupf. Die Deichaufsicht, die vielen Schafe, halten den Deichbewuchs kurz und helfen so dem Gänseblümchen. Jeder kennt es – hier ist es die Diekbloom.

Wer auf die Diekbloom trifft, kann mit ihr alle Fragen der Liebe klären. Als Liebes-Orakelpflanze hat sie sich über Jahrhunderte hinweg bewährt. Mit ihrer Hilfe können alle offenen Fragen geklärt werden. Dazu sollte, so wie Gretchen in Goethes Faust, an der Blüte gezupft und dazu die Frage ausgesprochen werden:"Er liebt mich – liebt mich nicht – er liebt mich …." oder „Er hat mich betrogen – hat mich nicht betrogen – er hat mich betrogen …." Wer das Dusendschön im Frühjahr antrifft, sollte die ersten drei Gänseblümchen gleich essen. Durch den Verzehr ist man das ganze Jahr über vor Triefaugen und Zahnschmerzen gefeit. Aber auch so sind die Blüten eine wertvolle Nahrungsergänzung in Salaten oder Suppen und wirken blutreinigend, schleimlösend und wassertreibend.

Über das Gänseblümchen (Bellis perennis)

Erkennungsmerkmal

Das Gänseblümchen ist zum Leidwesen vieler Gärtner mehrjährig und außerordentlich frosthart. Die niedliche kleine Pflanze gehört in die Familie der Korbblütler und wird bis zu 15 cm hoch. Das Laub bildet eine kleine Rosette, die Blätter sind eiförmig und eingekerbt. Die Blüten sitzen einzeln auf blattlosen Stängeln, sie bestehen aus gelben Röhren- und weißen Zungenblüten – den „Blütenblättern", deren Spitzen auch rötlich gefärbt sein können. Während das Gänseblümchen im Garten als „Unkraut" verschmäht wird, ist das kultivierte Maßliebchen oder Tausendschönchen (Bellis) in Weiß, Rosa oder Weinrot ein gerngesehener Gast im Frühlingsgarten.

Standort

Gänseblümchen kommen überall an sonnigen Standorten vor: in Gärten, auf Grasflächen, an Wegrändern. Am wohlsten fühlt es sich allerdings in Ihrem Rasen! Es ist ein „Nährstoffanzeiger".

Blütezeit

Die Blüte beginnt je nach Witterung schon im Februar und endet im Spätherbst.

Sammelzeit

Gesammelt wird das Gänseblümchen von April bis August, an geschützten Stellen kann aber sogar während des Winters gesammelt werden.

Nutzbare Pflanzenteile

Geerntet werden die kleinen Blütenköpfe und die jungen Blätter.

Wichtige Inhaltsstoffe

Gänseblümchen enthalten u. a. Saponine, Gerb- und Bitterstoffe und Vitamin C.

Verwendung

Gänseblümchen können in der Küche auf Brot, in Quark und Salat und als Gemüse verwendet werden. Im Salat sind die Blüten eine wunderbare essbare Dekoration. Sie gehören in jede Frühlingssuppe und Frühjahrskur und unterstützen die Entgiftung des Körpers. Die Knospen dienen sauer eingelegt als Kapernersatz.

Besonderheiten/Tipps

Das Gänseblümchen schließt nicht nur nachts, sondern auch, wenn Regenwetter bevorsteht seine Blüten, es ist eine sogenannte „Wetterorakelpflanze". Außerdem dreht es seinen Kopf immer der Sonne entgegen. Und wie die Ringelblume eignet es sich für ein Liebesorakel: Er liebt mich, er liebt mich nicht, ...

In der Volksheilkunde gilt das Gänseblümchen als blutreinigend, schleimlösend und wassertreibend. Um Husten zu lösen, wird ein Tee aus 2 Teelöffeln Blüten mit ¼ l kochendem Wasser aufgegossen, abgedeckt und nach zehn Minuten abgeseiht. Davon können 2 - 3 Tassen am Tag getrunken werden. Durch die Gerbstoffe kann dieser Tee auch leicht stopfend wirken.

Gundermann

Der gute „Hollermann“ ist ein großer Hausgeist. Er hält sich gerne in der Nähe des Menschen auf. Wir kennen ihn unter den Namen „Kiek dörn Tuun” oder „Kruup dörn Tuun” – „Guck durch den Zaun” oder „kriech durch den Zaun”. Die Hecke war für die unterschiedlichen germanischen Sippen hier in Schleswig-Holstein von großer Bedeutung. Sie schützte die Menschen vor ungebetenen Gästen, trug zur Ernährung bei und kümmerte sich um die Gesundheit der Bewohner. Die Hag (=Hecke) war so bedeutsam, dass es in jeder Sippe einen „Heckenbeauftragten“ gab. Er sorgte sich um alle Belange der Hecke. Gleich einem Deichgrafen war er für die Funktionsfähigkeit des „Schutzwalls“ verantwortlich. Damit kein ungebetenes Tier oder ungebetener Mensch durch die Hecke gelangen konnte, versah er sie mit den unterschiedlichsten dornigen Sträuchern. Dazu gehörte u.a. die Brombeere, die Himbeere, die Heckenrose, der Weißdorn und der Schlehdorn. Hinzu kamen oft die Haselnuss und der Holunder, die wichtiger Bestandteile der Ernährung waren.

Die Ernährung in früheren Zeiten kann sicherlich nicht mit der Ernährung in der heutigen Zeit verglichen werden. So war das Bier für die Bewohner im Norden, die Wikinger, durchaus ein Bestandteil ihrer Ernährung. Wir kennen heute noch das aus dem Ausgangsprodukt Honig hergestellte Met. Bei der Herstellung von Bier wurde nicht nur Honig genutzt, sondern sehr unterschiedliche Pflanzen mit vergoren. Vergoren wurden z.B. auch der Löwenzahn oder die Brennnessel. Um die Rauschwirkung zu erhöhen, fügte man dem Bier das durchaus giftige Bilsenkraut bei. Auch der Gundermann hatte bei der Bierherstellung seinen Platz. Er wurde beim Brauen der erhitzten Maische beigegeben, um das Bier zu würzen und haltbarer zu machen. Daher hat er auch den Namen Erdhopfen.

Die Wikinger verwendeten die Pflanze um Bier zu würzen und haltbarer zu machen.

Der Erdhopfen lässt sich leicht an seinem vierkantigem Stängel und an seinem Geruch erkennen. Gerne kümmert er sich um die Gesundheit der Menschen. Besonders am Herzen liegen der Soldatenpetersilie die Kranken, die von eiternden Wunden und Geschwüren (gund = Eiter) gepeinigt werden. Er kann aber auch bei Problemen mit dem Gehör (leichtes

Pfeifen), bei Problemen mit den Zähnen oder Problemen mit der Lunge helfen. Bei einer Bronchitis nutzt der Gundermann seine Saponine und ätherische Öle, um den Schleim zu lösen. Damit die ätherischen Öle aber überhaupt genutzt werden können, müssen die Blätter des Gundermanns in Milch gekocht werden. Die Milch kann die nur schwer wasserlöslichen, aber durchaus fettlöslichen ätherischen Öle aufnehmen und binden. So

Gundermann wurde auch „Soldatenpetersilie" genannt und hilft bei eiternden Wunden.

können die Heilkräfte der Pflanze an den Menschen weitergegeben werden. Um bei diesem Verfahren einen größtmöglichen Erfolg zu haben, wurde meist sehr fette Milch genommen (Ziegenmilch).
Gaben die Ziegen oder die Kühe nicht mehr richtig Milch, wurde die Milch schnell schlecht oder ließ sie sich nicht zur Butter weiterverarbeiten, konnte auch hier der Gundermann helfen. Der Gundermann war als Milchzaubermittel bekannt. Er konnte die Kühe vor Verzauberung schützen. Weitere Zauberkräfte besaß er gegenüber Hexen. Wenn man einen Gundermannkranz in der Walpurgisnacht trägt, kann man die wahren Hexen erkennen.

Über den Gundermann (Glechoma hederacea)

Erkennungsmerkmal

Gundermann gehört in die Familie der Lippenblütler. Er ist mehrjährig und frosthart. Zu erkennen ist er an seinen herz- bis nierenförmigen, grob gekerbten Blättern, den blau-violetten Blüten und dem würzigen Duft. Er wird bis zu 30 cm hoch. Durch lange Ausläufer breitet er sich aus und kann auf diese Weise große Flächen bedecken, „Erd-Efeu" wird der Gundermann auch genannt. Findet er eine Kletterhilfe, wächst er auch ein Stück in die Höhe.

Standort

Gundermann wächst auf jedem Boden auf Wiesen, an Feldrändern oder Hecken entlang und in lichten Wäldern. Er gedeiht in der Sonne, aber auch im Schatten und bevorzugt frischen, nährstoffreichen, eher kalkhaltigen Boden.

Blütezeit

Gundermann blüht blau-violett von April bis August.

Sammelzeit

Man kann das Kraut ab März fast das ganze Jahr über sammeln.

Nutzbare Pflanzenteile

Verwendbar sind Blätter und Blüten.

Wichtige Inhaltsstoffe

Gundermann enthält u. a. ätherisches Öl, Vitamin C, Gerb- und Bitterstoffe.

Verwendung

Gundermann passt zu Salaten, Suppen, in den Brotaufstrich und gehört in die Frühjahrskur sowie in die „Gründonnerstagssuppe“. Am besten verwendet man ihn frisch, aber Trocknen oder Einfrieren ist auch möglich. Zum Trocknen werden mehrere Triebe gebündelt und an einem luftigen und schattigen Platz kopfüber aufgehängt. Mit den Blüten darf man verschwenderisch umgehen, der Geschmack der Blätter ist allerdings sehr herb, deshalb lieber sparsam einsetzen.

Besonderheiten/Tipps

Der Name „Gundermann“ geht zurück auf „Gund“ = Eiter, (Körper-)Flüssigkeit, Geschwür. Die Volksmedizin kennt ihn in Form von Tee oder Frischsaft bei Blasen- und Nierenerkrankungen, Hautproblemen und Frauenleiden, aber auch bei chronischem Schnupfen und Husten. Diese vielfältigen Anwendungsmöglichkeiten erkennt man in den vielen verschiedenen Namen, die es für die Pflanze gibt: Herr des Eiters, Frauenrebe, Grindrebe und Gundelrebe.
Für viele Tiere, vor allem Pferde, ist der Gundermann allerdings giftig!

Löwenzahn

Er ist die Pflanze der 1000 Namen. Jedes Kind kennt sie, und doch kennen wir sie nicht. Jeder Versuch, sie zu fassen, ist bisher gescheitert. Allein im gesamten deutschsprachigen Raum wurden ihr bisher über 500 unterschiedliche Namen gegeben. Im Norden kennen wir sie z.B. unter den Namen Düvelsbloom, Hunnenbloom, Hunnenkruut, Kedenbloom, Ringelbloom, Koninkenkruut oder Kohbloom. Sie ist ein wenig wie Schleswig-Holstein - nicht mit einem Wort oder einem Satz treffend zu beschreiben. Jeder Versuch bleibt unvollkommen und wird ihr nicht gerecht. Auf der einen Seite zeigt sich der Löwenzahn sensibel und wandlungsfähig. Auf der anderen Seite gibt er sich vital und derb, ebenso wie das nördlichste Bundesland zwischen den beiden Meeren.

Wer im Frühjahr durch das Land reist, kann die schiere Vitalität des Löwenzahns schon von Weitem erkennen. Die Butterbloom überzieht viele Wiesen mit einem goldblühenden Teppich und lockt viele Falter, Käfer und Ameisen an. Die Blume wird mit ihrem vielen Nektar auch nicht von dem Volk der Bienen verachtet. Die üppigen Löwenzahn-Wiesen können aber durchaus ein Hinweis darauf sein, dass die Wiese überdüngt worden ist. Vielen anderen Tieren stellt der Löwenzahn sich aber nicht

Der Löwenzahn hat viele Namen in Schleswig-Holstein: Butterbloom, Swienbloom, Koninkenkruut, Kuhbloom oder Hunnenbloom.

als Butterbloom vor. Für die Schweine ist sie die Swienbloom, für die Kaninchen und Hasen das Koninkenkruut und für die Kühe die Kohbloom. Jede der hier lebenden Milchkühe, immerhin über 350.000, würde sich sicherlich genussvoll an ihr laben wollen.
Den Kleingärtnern ist die Vitalität der Pflanze durchaus ein Dorn im Auge. Für sie ist der Löwenzahn die Hunnenbloom. Sie ist einfach nicht aufzuhalten. Verbleibt nur ein kleines Stück der Pflanze im Boden, zeigt sie sich nach Kurzem wieder in ihrer vollen Pracht. Eine überaus interessante Strategie hat der Löwenzahn auch bei seiner Verbreitung erfunden. Wenn die goldblühenden Löwenzahn-Wiesen verschwunden sind und ein wenig Wind über die Wiesen streift, lässt er unzählige Fallschirme starten. Von der Ferne sieht es so aus, als ob plötzlich Nebel aufkommen würde. So gelangen die Löwenzahnsamen an die ungewöhnlichsten Orte.
Sollte der Wind einmal fehlen, setzt der Löwenzahn auf eine andere Strategie. Er zeigt sich den Kindern als wunderschöne Pusteblume und bittet die Kinder, die vielen kleinen Fallschirme auf die Reise zu schicken. Zu Kindern hat der Löwenzahn ein ganz besonders Verhältnis, denn er ist die Blume der Kinder. Wenn die Kinder an der Blüte riechen, malt er ihre Nasen gelb. Aus der Kedenbloom können sie wunderschöne Halsketten flechten, kleine Pfeifen herstellen, aus den Stängeln unzählige Wasserleitungen zusammenstecken oder kleine Schlangen hervorzaubern. Die Schlangen kommen dann hervor, wenn ein in zwei Hälfen geteilter Stängel der Ringelbloom ins Wasser getan wird.
Von der sensiblen Seite des Löwenzahns wird man immer wieder überrascht. So scharen sich um seine Wurzeln viele kleine Regenwürmer. Für die noch glasigen Würmer ist hier eine ihrer Kinderstuben. Sensibel reagiert er auf Umwelteinflüsse. Je nach Gegebenheiten kann die Pflanze eher winzig und stängellos, die Blätter können mehr oder weniger gezackt sein. Es scheint schier unmöglich zu sein, zwei identische Blätter oder Pflanzen zu finden. Diese Anpassungs- und Wandlungsfähigkeit hat ihr bei vielen Unwissenden den Namen Düvelsbloom eingebracht.
Aber eine Teufelsblume ist sie wirklich nicht, denn sie hat längst vergessene innere Werte. Als Naturarznei kann sie durchaus die Darmtätigkeit, die Leber, die Galle, die Niere und die Blase positiv unterstützen. Etwas besonderes sind ihre kohlenhydrathaltigen Wurzeln. Im Herbst sammeln sich hier bis zu 40 % Inulin. Das Inulin kann den Zuckerstoffwechsel begünstigen und so Diabetikern helfen. Die auch als Ginseng des Nordens bezeichnete Pflanze ist reich an Mineralien, Spurenelementen Eiweiß und Vitamin C. Die Pflanze sollte in keiner Wildpflanzenküche fehlen.

Über den Löwenzahn (Taraxacum officinale)

Erkennungsmerkmal

Löwenzahn gehört zur Familie der Korbblütler und ist eine ausdauernde Pflanze, die bis zu 50 cm hoch werden kann. Die rosettenartig angeordneten Blätter sind länglich und grob gezähnt bis gebuchtet. Der Blütenstängel ist blattlos, hohl und führt, genau wie die Blätter, einen weißen Milchsaft. Löwenzahn bildet eine kräftige Pfahlwurzel und blüht leuchtend gelb. Die Blütezeit dauert mehrere Tage, die Blüten schließen sich nachts oder bei Regen. Bekannt ist die „Pusteblume" natürlich wegen ihrer Samen, die an kleinen Schirmen sitzen und für die Verbreitung der Pflanze sorgen.

Standort

Für Löwenzahn sollte der Standort sonnig bis halbschattig sein und der Boden mäßig trocken bis feucht. Er wächst auf nährstoffreichen Wiesen und in Gärten.

Blütezeit

Die Blüte dauert von April bis Juni.

Sammelzeit

Das Kraut lässt sich fast das ganze Jahr über sammeln, die Blätter werden allerdings im Laufe des Jahres immer bitterer. Die Wurzeln gräbt man im Frühjahr oder Herbst aus.

Nutzbare Pflanzenteile

Verwendbar sind Blätter, Blüten und Wurzeln. Sie können auch getrocknet genutzt werden.

Wichtige Inhaltsstoffe

Löwenzahn enthält u. a. Vitamine, Kieselsäure und Spurenelemente wie Magnesium, Kalzium und Eisen.

Verwendung

Löwenzahn gehört unbedingt zur Frühjahrskur und bringt den Organismus in Schwung. Das Kraut passt zu Fisch, Fleisch und Salaten. Aus der gerösteten und gemahlenen Wurzel kann Kaffeeersatz hergestellt werden, und aus den Blüten lässt sich Gelee kochen. Sie schmecken auch auf Brot, in Kräuterbutter, -quark und Desserts.

Besonderheiten/Tipps

Der weiße Milchsaft kann beim Sammeln die Haut färben. Wenn man ihn auf Warzen aufträgt, sollen diese angeblich verschwinden. In der Naturheilkunde wird die harntreibende Wirkung des Löwenzahns genutzt. Daher stammt auch der Name „Bettseicher". Außerdem ist die positive Wirkung von Kraut und Wurzel auf die Galle wissenschaftlich erwiesen.

Dem Gärtner allerdings macht das „Koninkenkruut" nicht viel Freude: Es samt sich reichlich aus, wurzelt sehr tief und kann sich auch aus kleinen Wurzelstücken regenerieren.

Spitzwegerich

Der Wegerich ist der unangefochtene Herrscher über alle Wege. In Schleswig-Holstein wacht er bis heute über den Heerweg. Sein Reich erstreckt sich von Viborg in Dänemark bis zur Elbe bei Hamburg. Bereits nach seiner Geburt zeigt sich seine königliche Abstammung und jeder spricht ihn mit seinem Titel an – Wegerich! Dabei bedeutet die Endung „-rich" in seinem Namen „König/Herrscher". Als König teilt er seine Macht und herrscht nur über die Wege. Andere Könige herrschen z.B. über das Volk (Dietrich), über die Einhegung bzw. über die von Hecken umgebenen Siedlungen (Heinrich) oder über die Alben (Alberich).

Wegerich ist sehr widerstandsfähig und wächst sogar zwischen Pflastersteinen.

Der Wegerich gehört zur lateinischen Gattung Plantago (Planta=Fußsohle). Unzählige Fußsohlen haben in den zurückliegenden Jahrhunderten das Heerwegsystem betreten. Viele Reisende, Kaufleute, Handwerker, Fürsten, Bettler oder Pilger beschritten die zentrale Verkehrsader Schleswig-Holsteins. Die große Besucherzahl nutzte der Wegerich geschickt aus, um sein Reich zu erweitern und zu verteidigen. Sobald seine Samen nass werden, quellen sie auf und werden klebrig. So können sie sich an die „Fußsohlen" heften, ein Stück des Weges mitreisen und ein neues Reich erschließen. In seinem Leben kann der Wegerich zig-tausende der Seinen auf die Reise schicken.
Der Wegerich ist dabei nicht wählerisch. Zum Mitreisen wurden früher auch die unzähligen Ochsen genutzt, die als Massenexport in der frühen Neuzeit aus Dänemark über den Heerweg nach Nordwesteuropa verbracht wurden. Später verlor der Ochsenweg seine Bedeutung. So übernahm z. B. die Eisenbahn den Viehtransport. Heute findet man nur noch einige wenige Reste des Ochsenweges wie z. B. bei Lürschau nördlich von Schleswig.
Der Niedergang des Ochsenweges ist nicht gleichbedeutend mit dem Niedergang des Reiches des Wegerichs. Als überaus widerstandsfähige Pflanze hat er sich andere Bereiche erobert. Heute finden wir ihn auf Parkplätzen, auf stark verdichteten Böden oder sogar zwischen Pflastersteinen in der Stadt. Wir übersehen ihn oft und beachten ihn nicht. Er hingegen erduldet jeden Tritt von uns und fängt ihn sanft mit seinen Blättern auf.
Als König ist er auch überaus großzügig und bedankt sich bei jedem Reisenden auf seine ganz eigene Art. So sollen frische Blätter in den Schuhen vor Blasenbildung

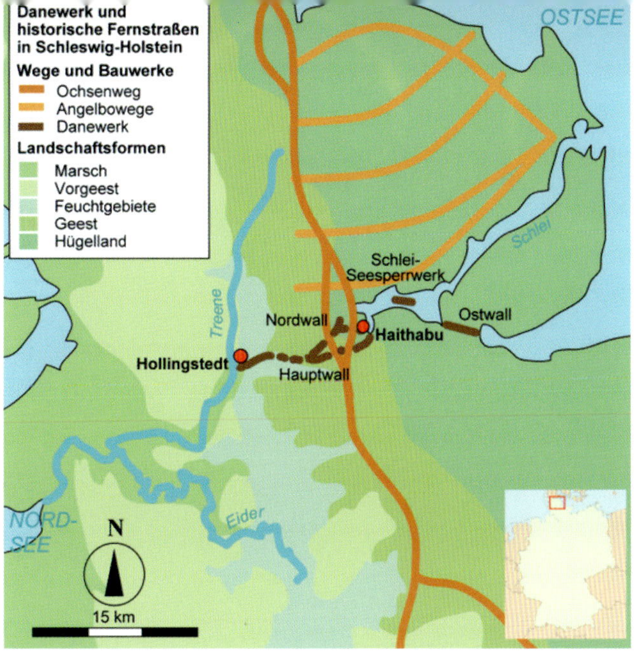

und großer Müdigkeit schützen. Wurde der Wanderer von Insekten gequält und zerstochen half, ein Brei aus den Blättern. Der Blätterbrei konnte auch zur Blutstillung oder zur Unterstützung der Wundheilung bei kleineren Wunden genutzt werden. Bei Zahnschmerzen konnte das Kauen der Wurzel Abhilfe schaffen. Große Vorsicht war jedoch beim Ausgraben der Wurzel geboten. Nur Kundige, die Wurzelgräber, konnten die Wurzeln ohne Gefahren ausgraben. Dabei durften die Unterirdischen nicht geweckt werden. Die Dunkelgeister ruhen tagsüber. Nachts schwärmen sie aus und versuchen über den Wurzelweg des Wegerichs an die Oberfläche zu gelangen. Wenn der König nachts ruht, ist der Wurzelweg jedoch fest verschlossen. Erst wenn der Wegerich erwacht, öffnet sich auch der Wurzelweg. Der König Wegerich herrscht nicht nur über den Wurzelweg und über das oberirdische, sondern auch über das unterirdische Wegesystem. So war er für die verschiedenen Volksstämme in Schleswig-Holstein auch der Beherrscher des Hellweges in das Totenreich. Nur der Vertraute des Königs konnte Kranke vor dem Betreten des Weges zum Totenreich schützen. Auf eine besondere Art und Weise war er mit dem König verbunden und hatte seine heilenden Kräfte. Für ihn selbst war der Wegerich sein Glücksbringer auf all seinen Unternehmungen des Lebens.

Der König lies aber niemanden allein. In den Wirrungen des Heerwegsystems half er jedem unerfahrenen Wanderer. Er konnte ihn immer um Rat fragen. Wenn er an einer Wegabzweigung nicht weiter wusste, nahm er ein Blatt und riss dieses quer durch. An der Rissstelle ragten dann die Gefäßbündel als Fäden heraus. Nun wusste der Suchende durch Abzählen der Fäden, welchen Weg er nehmen sollte. War der Weg nicht der richtige, hatte er einen Fehler gemacht. Zuerst musste die Frage hörbar an den König gerichtet und dann das Abzählen immer mit dem ganz links liegenden Weg begonnen werden. Als überaus alte und weise Pflanze half der Wegerich auch bei anderen Fragen: Wie viele Kinder werde ich bekommen? Wie viele andere Frauen hat mein Liebster vor mir schon geküsst?

Erstaunliches verbirgt sich im Inneren der Pflanze. Der außergewöhnlich hohe Gehalt an Vitaminen der B-Gruppe, Mineralien und Spurenelementen sorgen für unsere Gesundheit. In der Küche können wir ihn z. B. als Rohkostsnack in Streifen geschnitten auf frischem Brot verwenden oder aus seinen Blättern einen Spinat zubereiten. Dabei bleibt sein Grundgeschmack ein wenig erdverbunden.

Über Spitzwegerich (Plantago lanceolata)

Erkennungsmerkmal

Der Spitzwegerich gehört in die Familie der Wegerichgewächse. Er ist mehrjährig und wächst rosettenförmig. Seine Blätter sind schmal und spitz, die Blattadern zeichnen sich deutlich ab. Der Stängel mit dem Blütenstand wird bis zu 40 cm hoch.

Standort

Spitzwegerich findet man auf Wiesen, an Wald- und Wegrändern und auf Schuttplätzen. Er bevorzugt frischen und nährstoffreichen Boden in Sonne und Halbschatten.

Blütezeit

Die Blütezeit des Spitzwegerichs dauert von Mai bis September.

Sammelzeit

Gesammelt wird die Pflanze ebenfalls von Mai bis September.

Nutzbare Pflanzenteile

Vom Spitzwegerich verwendet man am besten die jungen Blätter.

Wichtige Inhaltsstoffe

Das Kraut enthält u. a. Bitterstoffe, Gerbstoffe und Kieselsäure.

Verwendung

Spitzwegerich schmeckt etwas herb, seine Blätter können wie Spinat zubereitet werden und passen in Suppen, Salate, Gemüse und Kräuterbutter. Seine Verwandtschaft – Breit- und Mittelwegerich – kann ebenso zum Einsatz kommen. Eine Konservierung durch Trocknen ist zwar möglich, aber nicht notwendig, weil man Spitzwegerich fast das ganze Jahr über findet.

Besonderheiten/Tipps

Spitzwegerich muss nicht im Garten angebaut werden, denn er kommt ausreichend in der Natur vor.
Der Gärtner sieht ihn sowieso nicht gern, weil sich der "Heudieb" am liebsten im Rasen breitmacht, dabei ist er in der Pflanzenheilkunde ein wertvolles Kraut und wird innerlich gegen Husten, äußerlich gegen Insektenstiche eingesetzt. Gegen Husten wird Spitzwegerich als Tee zubereitet, kann aber auch zu Sirup verarbeitet werden. Zur äußerlichen Anwendung bei Insektenstichen werden die Blätter zerrieben und der Pflanzensaft bzw. –brei auf die betroffene Stelle aufgetragen.
Um Husten-Sirup herzustellen, wird eine Handvoll Spitzwegerich-Blätter zerkleinert, in einem verschließbaren Glas mit gutem Honig aufgefüllt und für zehn Tage auf eine Fensterbank gestellt. Dabei wird das Glas ab und zu umgedreht. Anschließend wird abgeseiht und in ein sauberes Glas umgefüllt.

Vogelmiere und Giersch

Der Geißfuß, auch Giersch genannt, ist sehr vital. Seine unterirdischen Ausläufer schaffen es, sich jedes Jahr um fast drei Quadratmeter auszubreiten. Dabei wird fast jedes andere Pflanzenleben verdrängt. Bei der Gierschbekämpfung helfen keine „biologischen Maßnahmen". Veränderungen an der Bodenbeschaffenheit interessieren ihn nicht. Er wächst an feuchten ebenso wie an trockenen Standorten. Dabei spielt es für ihn keine Rolle, ob es eher schattig oder sonnig ist. Auch „mechanische Maßnahmen" sind wenig erfolgreich. Seine Wurzeln brechen wie Glas. Aus den im Boden verbleibenden Wurzelresten bilden sich neue Pflanzen, die dann wieder ein ganzes Heer an lebensstrotzenden unterirdischen Ausläufern in Bewegung setzen. Mit seiner Strategie überrennt er regelrecht jedweden kurzfristigen Erfolg des Gärtners.

Auch die schwächlich wirkende Vogelmiere hat eine schier unverwüstliche Lebenskraft. Sobald ihre Stängel den Boden berühren, werden sofort neue Wurzeln gebildet. So entsteht nach und nach ein Vogelmierenteppich. Für brachliegende Beete wäre dies nicht so schlimm. Die Vogelmiere würde als Bodendecker hier auch Gutes tun. Auf bepflanzten Beeten kommt es jedoch unweigerlich zu einem Interessenkonflikt. Denn sie schickt jährlich 5-6 neue Generationen der Ihren ins Rennen. Jede Generation wird mit bis zu 20.000 Samen ausgestattet. Wenn ihr Insekten bei ihrem Fortkommen nicht helfen, kann sie sich sogar selbst bestäuben. Wer abends erschöpft aus dem Garten kommt und denkt, gegen die kleine Vogelmiere erfolgreich gewesen zu sein, der wird meist bitter enttäuscht. Ihre Samen bleiben bis zu sechzig Jahren keimfähig. Auch wenn sie geschlagen scheint, startet sie immer wieder von Neuem. Dabei ist sie resistent gegen Herbizide und nutzt sogar den Winter zu ihrem Vorteil. Als winterfeste Pflanze kann sie durchaus auch unter einer Schneeschicht weiter wachsen. Im Frühjahr ist sie bereits munter, wenn der Gartenfreund seinen Winterschlaf aus den Gliedern schüttelt.

Anstatt sich jedes Jahr von Neuem in einen aussichtslosen Kampf gegen die Natur zu begeben, sollten wir auch diese beiden Pflanzen so nehmen, wie sie sind, und entsprechend handeln. Die beiden Pflanzen können hervorragend genutzt werden, um den inneren Winter bzw. die Frühjahrsmüdigkeit zu vertreiben. Unsere Vorfahren hier im Norden verstanden es, aus den Frühjahrskräutern eine hervorragende Suppe zu machen – die Neunkräutersuppe der Wikinger. Sie bestand u. a. aus Vogelmiere, Geißfuß/Giersch, Brennnessel und aus Gänseblümchen. Sie wirkte schweißtreibend, förderte den Stuhlgang, reinigte das Blut und löste Schleim von der Lunge. Die Suppe, über ein paar Wochen hinweg eingenommen, schaffte es nach einer langen Winterzeit, den Körper wieder ins Gleichgewicht zu stellen.

In der Winterzeit mussten sich die Wikinger von dem ernähren, was sie das ganze Jahr über heranschaffen konnten. Durch entsprechende Lagerungs- und Konservierungsmethoden wurde versucht, die Nahrung für den Winter haltbar zumachen. Häufig nutzten sie dazu die Methoden des Trocknens, des Dörrens, des Räuchern und des Einsalzens. Untersuchungen und Ausgrabung in Haitabu, einem der bedeutendsten Bodendenkmälern in Schleswig-Holstein, ergaben, dass die Wikinger nicht nur Met getrunken und Fisch sowie Fleisch verzehrt haben. Sie nutzten auch viele Wildpflanzen, wie z. B. Pflaumen und Zwetschgen, Schlehen, Wildkirschen, Wildäpfel, Holunderbeeren, Walderdbeeren, Himbeeren, Weißdorn, Eberesche, Haselnüsse und Bucheckern.

Es ist davon auszugehen, dass auch diverse Wildkräuter aus ihrer Umgebung auf ihrem Speiseplan standen. Als Dauergemüse nutzten sie wahrscheinlich auch die winterfesten Wildpflanzen wie z. B. Giersch. Wenn man auf das Dauergemüse nicht mehr zurückgreifen konnte, konnten durchaus „Winterkeimer" helfen. Zu den „Winterkeimern" gehört die Vogelmiere. Diese lässt sich sehr einfach anzüchten. Gesammelte Vogelmierensamen müssen nur in ein mit Erde gefüllten Behälter gegeben und gewässert, sowie regelmäßig mit Sonnenlicht versorgt werden. Die Vogelmiere treibt sofort aus und kann als frisches Wildgemüse genutzt werden. In der dunklen Jahreszeit konnte so ein wenig z.B. der Bedarf an Vitamin C gedeckt werden. Dieses reichte meistens aber nicht aus. Die schlechte Ernährung in den Wintermonaten, verbunden mit dem Nächtigen auf feuchten Böden, führte dann doch sehr häufig zu Gicht und längerfristig zu schleichender Deformierung der Knochen. Unter dem Begriff „Gicht" wurden u.a. Arthritis, Rheuma, Hexenschuss, Zuckungen, Krämpfe und Lähmungen gefasst. Gegen die „Gicht" wurde das Dreeblatt oder der Kreihenfoot eingesetzt, so wie in Schleswig-Holstein auch der Giersch gerufen wird. Die beiden Namen umschreiben die Form der Gierschblätter.

Der Giersch oder die Vogelmiere sind wirklich unglaubliche Pflanzen. Als essbare Wildpflanzen enthalten sie unzählige Nähr- und Vitalstoffe, die für unsere Gesundheit wichtig sind.

Über die Vogelmiere (Stellaria media)

Erkennungsmerkmal

Vogelmiere gehört in die Familie der Nelkengewächse. Sie wächst ein- bis zweijährig und wird bis zu 10 cm hoch. Ihre bis zu 40 cm langen Triebe wachsen niederliegend, dabei sind die Stängel behaart und stark verzweigt. Die kleinen Blätter sind eiförmig und spitz, die sternförmigen Blüten weiß. Sie bildet zahlreiche Samen und wächst sogar im Winter weiter, so dass sie sich schnell ausbreiten kann.

Standort

Vogelmiere bevorzugt feuchten, nährstoffreichen Boden in Halbschatten oder Sonne. Sie wächst an Wegrändern und im Wald. Man bezeichnet sie als Stickstoffanzeiger, d. h. dass an ihrem Standort viel Stickstoff im Boden zu finden ist.

Blütezeit

Die Vogelmiere blüht etwa von März bis November.

Sammelzeit

Fast das ganze Jahr über kann die Pflanze frisch gesammelt werden.

Nutzbare Pflanzenteile

Genutzt wird das ganze Kraut ohne Wurzel.

Wichtige Inhaltsstoffe

Vogelmiere enthält Mineralstoffe, ätherische Öle und besonders viel Vitamin C.

Verwendung

Man kann Vogelmiere trocknen, dies ist aber meist nicht notwendig, weil sie fast immer frisch zu haben ist. Vogelmiere wird als Spinat zubereitet und passt in Salate, Suppen, Saucen, Kräuterquark und Wildgemüse. Mit ihren stoffwechselanregenden Inhaltsstoffen gehört sie – auch als Tee zubereitet – in die Frühjahrskur. Dazu werden zwei Teelöffel Kraut mit kochendem Wasser übergossen und 10 Minuten abgedeckt ziehengelassen. Hiervon trinkt man zweimal täglich eine Tasse.

Besonderheiten/Tipps

Gärtner sind über das zierliche Kraut wenig erfreut, es wird gejätet und auf dem Kompost entsorgt. Leider verspricht das wenig Erfolg, denn die Vogelmiere vermehrt sich in mehreren Generationen pro Jahr durch die zahlreichen Samen, und diese bleiben über Jahrzehnte keimfähig, sie keimen sogar im Winter.
Die Volksmedizin dagegen kennt Vogelmiere als hustenstillend, schleimlösend und harntreibend. Äußerlich wird sie in Form von Umschlägen bei Hauterkrankungen eingesetzt.

Über den Giersch (Aegopodium podagraria)

Erkennungsmerkmal

Giersch wächst – das weiß jeder Gartenliebhaber – ausdauernd und breitet sich durch Wurzelausläufer und Samen aus. Der Doldenblütler wird bis zu 1 m hoch und kann durchaus mit anderen, sogar giftigen Verwandten wie z. B. dem Schierling, verwechselt werden. Zu erkennen ist er am Petersilien-Geruch und an seinem dreieckigen Stängel. Wer unsicher ist, sollte die Pflanze nicht sammeln. Die Blätter werden bis zu 20 cm lang und bestehen aus mehreren eiförmigen, gezähnten Teilblättchen. Im Winter zieht der Giersch ein und treibt im zeitigen Frühjahr wieder aus.

Standort

Giersch kommt vor auf eher feuchten und nährstoffreichen Böden in der Sonne wie auch im Schatten. Im Garten wächst er grundsätzlich überall dort, wo man ihn nicht haben möchte.

Blütezeit

Giersch blüht etwa von Mai bis September.

Sammelzeit

Gesammelt wird von März bis September.

Nutzbare Pflanzenteile

Man erntet die jungen Blätter für die frische Küche, die älteren Blätter zum Kochen.

Wichtige Inhaltsstoffe

Giersch liefert u. a. Calcium, Magnesium, Silicium und viel Vitamin C.

Verwendung

Grundsätzlich passt Giersch überall da, wo man auch Petersilie verwenden würde. Die jungen Gierschblätter kann man zu Salat verarbeiten oder wie Spinat zubereiten. Und Giersch gehört auf jeden Fall in die Gründonnerstagssuppe. Getrocknet werden muss er nicht, weil er ja fast das ganze Jahr ausreichend zur Verfügung steht.

Besonderheiten/Tipps

Im Garten ist der Giersch ein gefürchtetes „Unkraut“. Auch aus kleinsten Wurzelstückchen treibt er wieder aus. Wer ihm also mit dem Spaten zu Leibe rückt, sorgt sogar durch Teilung noch für seine Vermehrung. Wollen Sie ihn loswerden, dann essen Sie ihn einfach auf! Er wird geschwächt, wenn seine Blätter immer wieder gepflückt werden. Gleichzeitig verhindern Sie die Blüte, so dass er sich nicht mehr über die Samen vermehren kann. Und Sie haben eine leckere und gesunde Mahlzeit!

Es gibt eine dekorative Variation mit weiß-grünem Laub, die weniger ausbreitungsfreudig sein soll. Aber wer holt sich schon Giersch freiwillig in den Garten?

Nähr- und Vitalstoffe in essbaren Pflanzen

	Kalium	Phosphor	Magnesium	Calcium	Eisen	Vitamin C	Provitamin A	Reineiweiß
Kopfsalat	224	33	11	37	1,1	13	130	0,6
Feldsalat	421	49	13	35	2	35	650	1,8
Blumenkohl	328	54	17	20	0,6	70	5,5	2,8
Spinat	633	55	58	126	4,1	52	700	2,5
Grünkohl	490	87	31	212	1,9	105	680	3
Mittelwert	**419,2**	**55,6**	**26**	**86**	**1,9**	**55**	**433,1**	**2,1**
Vogelmiere	680	54	39	80	8,4	115	383	1,5
Löwenzahn	590	68	23	50	1,2	115	-	-
Gänseblümchen	600	88	33	190	2,7	87	160	2,6
Brennessel	410	105	71	630	7,8	333	740	5,9
Mittelwert	**640**	**79**	**51,8**	**252**	**4,6**	**170,2**	**471**	**4,2**

Vitamin C in mg pro 100g essbaren Anteils
Provitamin A-Gehalt in µg Retionaläquivalenten pro 100g essbaren Anteils
Reineiweißgehalt in g pro 100g essbaren Anteils
alle anderen Angaben in mg

Kräuterrezepte

Der richtige Einsatz von Kräutern macht die qualitätsvolle Küche aus.
Einige der hier verwendeten Kräuter bekommen als Bestandteil eines Rezepts ein völlig neues Image. So eignet sich der im Garten ungeliebte Giersch hervorragend für einen Eintopf oder als Basis einer Suppe. Die Brennnessel, der man im Garten oder am Wegesrand lieber nicht zu nahe kommt, wird zu einer herzhaften Torte oder einem würzigen Brotaufstrich verarbeitet.
Nicht nur durch die raffinierten Geschmacksrichtungen, sondern auch durch die vielfachen gesundheitsfördernden Wirkungen der Kräuter werden die Gerichte aufgewertet.
Durch die Rezeptauswahl der Landfrauen Schleswig-Holstein wird die Verwendung von Kräutern sowohl wiederbelebt als auch völlig neu entdeckt, z.B. mit der Unkrautbowle oder dem Löwenzahn-Fitnessgetränk.
Die Einsatzmöglichkeiten der Kräuter sind vielfältig und eignen sich für Beilagen und Getränke ebenso wie für Vorspeisen, Hauptgerichte und Desserts.
Karl Ress, der in Neumünster sein feines Gourmet-Restaurant „Am Kamin" betreibt, hat aus den größtenteils einfachen und schnell fertiggestellten Gerichten kleine kulinarische Highlights zubereitet, die zum Nachkochen animieren.
Als leidenschaftlicher Gärtner mit eigenem Kräutergarten und großer Erfahrung hat er den Einsatz der Kräuter in den Rezepten perfektioniert.

Die Mengen aller folgender Rezepte sind, wenn nicht anders ausgezeichnet, für 4 Personen bestimmt.

Vorspeisen

Bärlauch-Giersch-Salat
mit Limettenvinaigrette

400 g zarte, hellgrüne Blätter vom Giersch, die erst aufzufächern beginnen und Bärlauchblätter (im Mengenverhältnis von etwa 2:1)

Dressing:
Saft von 5 Limetten
50 ml Olivenöl
50 ml Pflanzenöl
75 ml Geflügelfond
2–3 EL Mandelöl
1 Salz
1 Prise Zucker

Zum Garnieren:
Blüten vom Märzveilchen, Blätter und Blüten von der Gundelrebe (oder auch andere essbare Blüten)

Die Kräuter waschen und trocken tupfen. Die Zutaten für das Dressing mit dem Pürierstab mixen.
Alle Kräuter und Blüten als Salat anrichten und mit dem Dressing beträufelt servieren.

Tipp: Dazu passen toskanisches Weißbrot oder frisches Baguette und ein leichter toskanischer Weißwein.

Frühlingskräutersalat
mit Sherry-Portwein-Dressing

Brunnenkresse, Sauerampfer, Frauenmantel, Löwenzahn, Bärlauchblüten und -blätter. Wiesenknopfblätter, Gundelrebenblätter und -blüten, Spitzwegerich, Giersch, Gänseblümchen, Taubnessel (Mengenverhältnisse nach eigenem Belieben und nach Angebot der Saison)

Dressing (ergibt ca. 450 ml):
15 ml Himbeeressig
80 ml Portwein
25 ml Estragon-Essig
100 ml Olivenöl
15 ml Balsamico
100 ml Sonnenblumenöl
50 ml Walnussöl
40 ml Sherry
¼ TL Senf
30 ml Geflügelfond
1 Salz
1 Prise Zucker oder etwas Honig

Die Kräuter waschen und gut abtropfen lassen. Alle Zutaten für das Dressing mit einem Pürierstab mixen oder mit einem Schneebesen aufschlagen.
Die verschiedenen Kräuter und Blüten auf einer Platte als Salat anrichten und mit etwas Dressing beträufeln.
Das übrige Dressing separat servieren.

Neunkräutersuppe

2 Handvoll Wildkräuter
2 EL Vollkornmehl
2 EL Butter
½ Liter Gemüsebrühe
200 ml Sahne (oder: halb Sahne, halb Milch)
Salz
Pfeffer
Honig
Suppeneinlage (Eierstich oder Klößchen)

Die sorgfältig gewaschenen und verlesenen Wildkräuter werden in wenig Salzwasser gekocht und dann püriert.
Aus Vollkornmehl und Butter eine Mehlschwitze bereiten und diese mit der Gemüsebrühe ablöschen. Den Wildkräuterbrei und die Sahne hinzufügen. Mit Salz, Pfeffer und Honig abschmecken.

Nach eigenem Belieben mit Suppeneinlage anrichten.

Kräutersuppe

1 Zwiebel
250 g gemischte Kräuter (z.B. Guter Heinrich, Kerbel, Kresse, Petersilie und junge Brennnesselblätter)
etwas Butter
20 g Mehl
1 Liter Gemüsebrühe
evtl. 125 ml Milch oder Sahne
evtl. 1 Eigelb
etwas geriebener Käse

Zwiebel fein würfeln. Kräuter fein hacken.
Zwiebeln in der Butter in einem Topf glasig andünsten. Mehl darüberstäuben und goldgelb rösten. Gemüsebrühe nach und nach aufgießen, glatt rühren und zum Kochen bringen; 5–10 Minuten köcheln lassen. Topf vom Herd nehmen.
Nach eigenem Ermessen die Milch bzw. die Sahne und das Eigelb hinzufügen. Abschließend die gemischten Kräuter und den geriebenen Käse unterrühren.

Sauerampfersuppe

1 Zwiebel
1 Knoblauchzehe
160 g Sauerampfer
30 g Butter
1 ¼ Liter Gemüsebrühe
Salz
weißer Pfeffer, frisch gemahlen
70 g chinesischer oder thailändischer Duftreis
125 ml süße Sahne
65–70 g Kräuterschmelzkäse

Die Zwiebel schälen und fein würfeln. Die abgezogene Knoblauchzehe zerdrücken. Den Sauerampfer waschen, grobe Stiele abschneiden und die Blätter etwas zerkleinern.
Die Butter erhitzen und die Zwiebel darin andünsten; Knoblauch und Sauerampfer hinzufügen. Nach 3 Minuten mit der Hälfte der Geflügelbrühe ablöschen, salzen und pfeffern. Kurz durchkochen lassen. Anschließend mit dem Schneidestab pürieren. Den Duftreis und die restliche Brühe unterrühren und zugedeckt etwa 8 Minuten köcheln lassen – der Reis sollte noch sehr bissfest sein. Süße Sahne und Kräuterschmelzkäse einrühren; die Suppe mit Salz und Pfeffer abschmecken und servieren.

Vogelmierensuppe

8 Handvoll Vogelmiere
2 große Zwiebel
6 mittelgroße gekochte Kartoffeln
6 El Olivenöl
1/2l Wasser
1/2l Milch
Salz
Knoblauch

Die feingehackte Zwiebel mit Olivenöl glasig anbraten. Die Kartoffel schälen, zerteilen und dazugeben, mit der Milch und dem Wasser löschen und die gewaschene, gehackte Vogelmiere dazu tun. Das Ganze pürieren und erhitzen (nicht kochen !!). Mit Knoblauch uns Salz abschmeckem.

Wildkräutersalat

Je 100 g Löwenzahn, Brennnesseln, Giersch und Bärlauch
1 Bund Radieschen
Gänseblümchen zum Garnieren
8 EL Rotwein-Essig
2 EL Zitronensaft
6 EL Sonnenblumen- oder Rapsöl
Salz
Pfeffer
1 Prise Zucker
½ Bund Schnittlauch

Löwenzahn, Brennnesseln, Giersch und Bärlauch waschen, putzen, die Stängel entfernen und in Stücke schneiden oder zupfen; alles vermischen. Radieschen waschen, putzen, halbieren und in Scheiben schneiden; unter die Kräuter mischen.

Dressing:
Schnittlauch fein schneiden. Rotwein-Essig, Zitronensaft, Salz, Pfeffer, Zucker, Öl und Schnittlauch verrühren und anschließend vorsichtig mit dem Salat vermischen.

Mit Gänseblümchen garnieren.

Beilagen

Brennnessel-Aufstrich

4 Portionen

100 g Butter
Olivenöl
1 TL Salz
1 Knoblauchzehe
Saft von ½ Zitrone
150 g junge Brennnesseltriebspitzen
4 Scheiben Brot
Blüten von Borretsch, Gänseblümchen,
Taubnessel oder Veilchen

Weiche Butter mit etwas Olivenöl, Salz, der zerdrückten Knoblauchzehe und dem Zitronensaft schaumig rühren. Die Brennnesseltriebspitzen sehr fein hacken und unter den Aufstrich mengen. Brot mit Brennnesselbutter bestreichen, in Häppchen schneiden und mit den Blüten verzieren.

Brennnesselknödel

600 g Brennnesselblätter
1 Zwiebel
2 EL Olivenöl
2 Eier
100 g geriebener Käse
300 g Weizenmehl
1 Knoblauchzehe
Salz
Pfeffer

Die Brennnesseln waschen, abtropfen lassen, klein hacken und in dem Öl andünsten. Zwiebel würfeln, ebenfalls glasig dünsten und mit den Brennnesseln vermengen.
Die Eier schaumig rühren. Käse, Mehl, Gewürze und Brennnessel-Zwiebel-Gemisch dazugeben. Alles gut verrühren. Anschließend mindestens 10 Minuten ruhen lassen.
Mit einem Löffel (vorher in das Kochwasser tauchen) Knödel formen und diese in kochendem Salzwasser etwa 15 Minuten ziehen lassen.

Gänseblümchen-Kapern

400g Blütenknospen
1/2 Teelöffel Salz
1/4 l Wein
1/4 l Essig

Alles zusammen wird 5 min aufkochen und abkühlen lassen.

Brennnessel-Rissotto

1 Zwiebel
250 g Risotto-Reis
2 EL Pflanzenöl
150 g Brennnesseln
1 Liter Gemüsebrühe

Die Zwiebel würfeln und zusammen mit dem Reis im Öl glasig dünsten. Die Brennnesseln grob hacken und dazugeben.
Alles mit der Brühe auffüllen und 15 Minuten garen lassen.

Gefüllte Tomaten mit Giersch

4 große Tomaten
2 EL Öl
40 g klein geschnittene Zwiebeln
1 Knoblauchzehe, klein gehackt
30 g gewürfelter Katenschinken
50 g gewürfelte rote Paprikaschote
1 Peperoni, klein geschnitten
100 g Gierschblätter
Salz
Pfeffer
2 Scheiben Weißbrot, gewürfelt
80 g geriebener Emmentaler Käse
etwas Butter
Pfeffer, grob gemahlen
Gierschblätter zum Garnieren

Von den Tomaten die ‚Deckel' abschneiden; anschließend Tomaten aushöhlen. Öl in einer Pfanne erhitzen; die Zwiebelwürfel und die gehackte Knoblauchzehe darin glasig schwitzen. Die Schinkenwürfel dazugeben und kurz mitschwitzen. Dann Paprika und Peperoni untermengen und etwa 1 Minute braten. Die Gierschblätter hinzufügen und in sich zusammenfallen lassen. Alles gut vermengen; mit Salz und Pfeffer abschmecken. Die Mischung in die Tomaten füllen. Weißbrotwürfel mit dem geriebenen Käse vermischen und auf den Tomaten verteilen.

Eine Auflaufform mit Butter einfetten und die gefüllten Tomaten nebeneinander in die Form stellen. Mit zerlassener Butter beträufeln und im vorgeheizten Ofen bei 200 °C etwa 15–20 Minuten backen.

Die fertigen Tomaten mit grob gemahlenem Pfeffer und ganz klein geschnittenen Gierschblättern bestreuen.

Gierschbrot

8 Handvoll Gierschblätter
4 Handvoll Franzosenkrautblätter
5 Eier
3 EL süße Sahne
Salz, Pfeffer
20 g Butter

Für die Soße:
30 g Weizenvollkornmehl
¼ Liter Milch
20 g Butter
2 EL süße Sahne
Salz, Pfeffer
1 Prise geriebene Muskatnuss
30 g geriebener Parmesankäse

Kräuter von den groben Stängeln befreien, waschen, blanchieren, ausdrücken und hacken. Dann pürieren. Die Eier mit der Sahne verquirlen, mit Salz und Pfeffer würzen und anschließend mit den Kräutern vermischen.
Eine Auflaufform mit Butter ausstreichen und die Mischung hineingeben. Im Wasserbad bei 180 °C etwa 45 Minuten garen. Wenn das Gierschbrot in der Mitte aufgegangen ist und sich fest anfühlt, wird es auf eine feuerfeste Platte gestürzt.
In der Zwischenzeit eine Soße herstellen. Dazu das Mehl in einem Topf unter Rühren kurz anrösten (nicht länger als eine Minute), dann in einen kalten Topf schütten und ganz langsam unter ständigem Rühren die Milch hinzufügen. Den Topf wieder auf die Herdplatte stellen und bei kleinster Hitze unter Rühren Butter, Sahne und Gewürze zugeben. Die Hälfte des geriebenen Parmesans unter die Soße mischen.
Das Gierschbrot mit der Soße überziehen, den restlichen Parmesan darüberstreuen und im vorgeheizten Backofen bei 230 °C überbacken. Nach 10 Minuten ist das Gierschbrot braun und fertig.

Giersch-Quark

1 Handvoll Giersch
½ Zwiebel, fein gewürfelt
1 Knoblauchzehe, fein gewürfelt
125 g Joghurt
250 g Quark
Zitronensaft
Salz
Honig
evtl. etwas Milch
100 ml Sahne

Giersch waschen, trocken tupfen und klein schneiden. Zusammen mit den Zwiebelwürfeln, dem Knoblauch und dem Joghurt pürieren. Den so erhaltenen Kräuterjoghurt mit dem Quark verquirlen und mit Zitronensaft, Salz und Honig abschmecken. Nach Bedarf etwas Milch hinzufügen.
Zum Schluss Sahne steif schlagen und unter die Joghurt-Quark-Masse heben.

Gundermannspinat

Gundermannblätter

Die jungen gewaschenen und grob geschnittenen Blätter ca. 15 min kochen lassen, mit Salz und Pfeffer abschmecken. Verfeinert werden kann der Spinat mit Butter, ein wenig Schmand oder Sahne.

Kräuterpfannkuchen

Für den Teig pro Person 1 Tasse Mehl mit 1 Tasse Milch, 1–2 Eiern und etwas Kräutersalz verrühren. Es sollte ein glatter, flüssiger Ausbackteig entstehen.
Dieser wird mit frischen Gartenkräutern nach eigener Wahl und/oder mit Wildkräutern wie Giersch, Knoblauchrauke, Brennnessel oder Hopfensprossen (alles fein gewiegt) gemischt und in einer heißen Pfanne mit wenig Olivenöl goldbraun ausgebacken.

Tipp: Dazu passt feines Gemüse, Schinken oder eine Hackfleischsoße.

Kresse-Öl

Einige Stiele Kresse
Sesamöl (Menge nach Belieben)

Die Blätter von den Stängeln streifen und mit dem Sesamöl mixen.

Servier-Vorschlag: Risotto auf vorgewärmte Teller geben und die Lachsfilets anlegen; den Spinat zugeben und alles mit dem Pesto und dem Öl garnieren.

Löwenzahn-Fladenbrot

30 g zarte, junge Löwenzahnblätter
1 EL Koriandersamen
250 g Quark
200 g Mehl
150 ml Öl

Die Löwenzahnblätter waschen und abtropfen lassen; grob hacken. Die Koriandersamen im Mörser zerreiben.
Aus Quark, Mehl und Öl einen Teig bereiten, der die Konsistenz eines Pizzateiges haben sollte. (Ist er zu fest, kann noch etwas Öl zugegeben werden. Ist er zu weich, verträgt er noch etwas Mehl.)
Den Koriander und den Löwenzahn dazugeben und gut einarbeiten. Den Teig ½ cm dick ausrollen und im vorgeheizten Ofen bei 200 °C auf dem Blech (mittlere Schiene) ca. 20 Minuten backen.

Tipp: Das Fladenbrot lässt sich auch gut mit anderen Kräutern zubereiten. – Verwendet man beispielsweise Tagetes, die recht würzig sind, sollte jedoch etwas weniger Koriander genommen werden.

Löwenzahn paniert

200 g Löwenzahnwurzeln
100 g Mehl
2 Eier
Semmelbrösel
Salz
Pfeffer

Die gesäuberten und geschnittenen Löwenzahnwurzeln werden in Salzwasser weich gekocht, mit Küchenpapier getrocknet und in Mehl, verquirltem Ei, mit Salz und Pfeffer gewürzt, und Semmelbröseln gewälzt.Die etwa 3 cm großen Stücke werden anschließend in der Pfanne gebraten.

Marinierte Möhren

200 g Möhren
1 TL Gemüsebrühe
2 TL Honig
3 EL Weinessig
2 EL Olivenöl
4 Zweige frische Minze

Möhren schälen und längs in dünne Scheiben schneiden. 1 kleine Tasse Wasser mit der Brühe, dem Honig und dem Weinessig in einem Topf langsam erhitzen. Die Möhren hineingeben und etwa 5 Minuten dünsten – sie sollen nicht ganz weich werden. Möhren im Sud abkühlen lassen; anschließend herausnehmen. Olivenöl darüberträufeln und mit frischer Minze bestreuen.

Petersilien-Pesto

2 große Bund Petersilie
1 gestrichener TL Kräutersalz
70 ml Oliven- oder Rapsöl (nach Geschmack)
2 TL Zitronensaft
evtl. 30 g gehackte Mandeln
oder geschälte Sonnenblumenkerne
ca. 70 ml Keimöl

Petersilie waschen, Stiele entfernen und im Mixaufsatz pürieren. Kräutersalz und das Oliven- bzw. Rapsöl hinzufügen und weiter pürieren, bis eine feine, cremige Masse entstanden ist. Nach Geschmack können dabei noch der Zitronensaft und/oder die Mandeln bzw. die Sonnenblumenkerne dazugegeben werden.
Abschließend die Masse in ein Schraubglas füllen und zumindest fingerdick mit Keimöl bedecken, um sie so luftdicht zu verschließen. – Nicht angebrochen ist ein solches Glas im Kühlschrank etwa 3 Monate haltbar.

Tipp: Petersilien-Pesto schmeckt sehr gut auf Brot oder Baguette, aber auch als Pesto zu Nudeln.

Minz-Käsecreme

100 g Schafskäse
100 g Joghurt
4–6 Blatt Minze
1 EL fein gehackte Petersilie
1–2 Knoblauchzehen
½ TL Paprikapulver
Meersalz
Pfeffer, frisch gemahlen

Schafskäse würfeln und mit dem Joghurt vermengen; anschließend mit einem Löffel durch ein Haarsieb streichen.
Minze fein schneiden. Knoblauchzehen fein würfeln. Minze, Petersilie, Knoblauch und Paprikapulver unter die Käse-Joghurt-Masse rühren; mit Salz und Pfeffer abschmecken.

Rauke-Butter

200g Rauke
220g Butter
Salz
Knoblauch
Pfeffer

Die Butter zusammen mit der Rauke in einem Mixer vermengen. Anschließend mit Salz, Knoblauch und Pfeffer würzen.

Ringelblumen-Pesto

15 Ringelblumen-Blüten
1 Knoblauchzehe
2 EL Sonnenblumenkerne
ca. 250 ml Oliven- oder Rapsöl (nach Geschmack)
Salz
Pfeffer

Von den Ringelblumen-Blüten die Blütenblätter abzupfen. Knoblauchzehe fein hacken.
Die Sonnenblumenkerne ohne Öl anrösten. Nach dem Abkühlen mit den Blütenblättern, dem Öl und den Gewürzen mixen. (So viel Öl nehmen, dass eine sämige, cremige Pesto-Soße entsteht.)

Sauergiersch

Giersch in einem Steinguttopf in 10 %iger Salzlake für drei Wochen bei Zimmertemperatur aufbewahren. Danach wird er mit Öl auf der Einlegeflüssigkeit versiegelt und kühl gestellt.
Die Gierschblätter sollten vor dem Genießen abgespült werden.

Stockbrot mit Sesam und Kräutern

250 g Dinkelmehl
250 g Weizenmehl Typ 1150
20 g Frischhefe
2 EL Rapsöl
1 TL Salz
¼ Liter lauwarmes Wasser
1 EL zerstoßene Koriandersamen
4 EL gehackte Petersilie
1 EL gehackte Zitronenmelisse
3 EL Sesamsamen

Beide Mehlsorten in eine Rührschüssel geben. Hefe darüberbröckeln. Öl, Salz und das lauwarme Wasser hinzufügen und alles mit den Knethaken zu einem glatten Teig verrühren. Dabei sollte man auf der kleinsten Schaltstufe beginnen und erst, wenn kein Mehl mehr herausstäubt, auf eine höhere Stufe umschalten, um den Teig dann so lange durchzuarbeiten, bis sich dieser von der Schüsselwand löst. – Anschließend den Hefeteig zugedeckt an einem warmen Ort (Raumtemperatur ist zumeist ausreichend) gehen lassen. Der Teig sollte danach doppelt aufgegangen sein und porig aussehen.
Mit bemehlten Händen den Teig noch einmal durchkneten und dabei die Gewürze einarbeiten. Danach wiederum zugedeckt mindestens 10 Minuten gehen lassen. (Teig kann auch länger gehen – lässt sich deshalb gut früher vorbereiten.)
Abschließend etwa je eine Handvoll Teig zu einer länglichen ‚Wurst' rollen und diese um das Ende eines Stockes wickeln – dabei leicht anpressen. Den Stock dann vorsichtig über offenem Feuer drehen, bis der Teig aufgegangen ist und sich goldbraun verfärbt hat.

Wegerich-Sirup

Die Wegerichblätter werden in einem Glas geschichtet. Zwischen den Blatt-Schichten wird eine feine Lage Zucker gestreut und mit Wasser aufgefüllt. Nun muss das Glas 6 bis 8 Wochen in einem dunklem Raum kühl gestellt werden. Nachdem der Gärprozess eingesetzt hat wird die Masse kurz erhitzt und die Masse abgeseiht. Fertig ist der Sirup.

Wildkräuter-Pesto

200 g verschiedene Käsesorten (z. B. Parmesan, Schafskäse, Emmentaler, Gouda)
1 großes Bund Wildkräuter (z.B. Brennnesseln, Gundermann, Giersch, Sauerampfer, Beifuß)
80 g Mandeln
3 große Knoblauchzehen
300 ml Olivenöl
Salz
Pfeffer

Käse reiben. Wildkräuter fein hacken. Mandeln schälen und hacken. Knoblauchzehen durchpressen.
Käse und Kräuter in das Olivenöl einrühren. Mandeln und Knoblauch dazugeben; mit Salz und Pfeffer abschmecken.

Hauptgerichte

Brennnessel-Giersch-Suppe
mit Einlage

2 Handvoll Brennnesseln
2 Handvoll Giersch
3 kleine Stängel Liebstöckel
1–2 Zwiebeln
3 Möhren
3 EL Rapsöl
1–2 EL Vollkornmehl
1 ¼ Liter Wasser
1 Gemüsebrühwürfel
ca. 100 ml Sahne
1 Prise Zucker
Salz
Pfeffer

Als Einlage:
125 g Vollkornmehl
¼ Liter Milch
1–2 Eier
1 Prise Salz
geriebene Muskatnuss
nach Geschmack

Brennnesseln, Giersch und Liebstöckel-Stängel kalt abbrausen, trocken tupfen und fein hacken. Zwiebeln würfeln. Möhren in Scheiben schneiden.
Brennnesseln und Giersch in kochendem Wasser kurz aufwallen lassen. Wasser abgießen, aber auffangen, um darin den Brühwürfel aufzulösen.
Zwiebelwürfel im Öl glasig dünsten. Möhrenscheiben hinzufügen. Vollkornmehl darüberstäuben, umrühren und kurz mitdünsten. Die Brühe angießen. Brennnesseln, Giersch und Liebstöckel-Blättchen dazugeben und alles 5 Minuten ziehen lassen.
Den Zucker hinzufügen und alles mit Sahne, Salz und Pfeffer abschmecken.

Die Einlage:
Aus den Zutaten einen Pfannkuchenteig bereiten. In wenig Fett Pfannkuchen goldgelb ausbacken. Pfannkuchen abkühlen lassen, in feine Streifen schneiden und als Einlage zur Suppe reichen.

Brennnesseltorte

Für den Mürbeteig:
200 g Weizenvollkornmehl
1 TL Backpulver
1 Prise Salz
80 g Butter oder Margarine
3 EL Milch

Mehl, Backpulver, Salz und die Butter bzw. Margarine rasch zu einem Teig verkneten und dabei langsam die Milch hinzufügen. Anschließend den Teig zugedeckt etwa 30 Minuten in den Kühlschrank stellen.

225 g Brennnesselblätter
½ Zwiebel
Salz
Pfeffer
geriebene Muskatnuss
3 Eier
1 Liter Sahne oder Milch
25 g geriebener Parmesankäse
etwas Butter

Brennnesselblätter wie Spinat dünsten. Zwiebel würfeln, ebenfalls glasig dünsten und mit den Brennnesseln vermengen. Anschließend bei schwacher Hitze alle Flüssigkeit verdampfen lassen. Mit Salz, Pfeffer und Muskatnuss würzen. Abkühlen lassen. Eier mit Sahne oder Milch verquirlen und über das abgekühlte Gemüse gießen.
Den Teig ausrollen und eine gut gefettete Springform (Durchmesser 26 cm) damit auslegen – dabei den Rand rundherum etwas hochziehen. Den Boden mehrmals mit einer Gabel einstechen. Dann die Eier-Gewürzmasse auf dem Teigboden verteilen, den Parmesankäse und noch etwas geriebene Muskatnuss darübergeben und mit Butterflocken belegen.
Im vorgeheizten Backofen bei 190 °C etwa 25–30 Minuten backen.

Curry „Guter Heinrich"

2 Handvoll „Guter Heinrich" (Wilder Spinat)
1 kleine Zwiebel
½ TL rotes Currypulver
1 EL Olivenöl
Salz
100 ml Sahne

Den ‚Guten Heinrich' waschen, trocken tupfen und die Blätter abzupfen.
Die Zwiebel fein würfeln und zusammen mit dem Curry im Öl anschwitzen. Die Spinatblätter kurz mit angehen lassen. Mit Salz würzen. Die Sahne angießen und alles gar köcheln.

Entenbrüste mit Gierschkompott

4 Entenbrüste à 180 g
Salz, Pfeffer
Öl
400 g blühender Giersch
1 Zwiebel
2 Tomaten
100 g Butter
50 ml Fleischfond
1 Prise Zucker

Die Entenbrüste waschen, trocken tupfen und die Haut rautenförmig einschneiden. Mit Salz und Pfeffer würzen. Dann die Entenbrüste bei starker Hitze in wenig Öl zunächst auf der Hautseite 6–7 Minuten goldbraun anbraten; anschließend wenden und die Unterseite 2–3 Minuten scharf anbraten. Aus der Pfanne herausnehmen und in Alufolie einschlagen.
Im vorgeheizten Ofen bei 80 °C etwa 30–40 Minuten fertig garen.
Vom Giersch 8–16 Blüten und kleine junge Blätter zum Garnieren zurücklegen; den Rest waschen und klein schneiden.
Die Zwiebel fein würfeln. Tomaten enthäuten und in kleine Würfel schneiden.
Den Giersch und die Zwiebelwürfel in der Butter anbraten. Mit dem Fleischfond ablöschen. Die Tomatenwürfel dazugeben und alles mit Zucker, Salz und Pfeffer abschmecken.
Die Entenbrüste aufschneiden, auf dem Gierschkompott anrichten und mit den Gierschblüten und den kleinen Gierschblättern garnieren.

Gierscheintopf

8 Handvoll Gierschblätter
2 EL Olivenöl
1 Zwiebel
4 Kartoffeln (festkochend)
Salz
Pfeffer
Curry
0,5 Liter Wasser
1 Knoblauchzehe
1 EL gehackte Petersilie

Gierschblätter von den groben Stängeln befreien, waschen, blanchieren, ausdrücken und hacken. Die Zwiebel fein würfeln. Das Öl in einem Topf erhitzen und die Zwiebelwürfel darin glasig dünsten. Den Giersch hinzufügen und unter Rühren etwa 5 Minuten mitdünsten.
Die geschälten Kartoffeln in dünne Scheiben schneiden und dazugeben. Mit Salz, Pfeffer und Curry würzen. Die Knoblauchzehe zerdrücken. Das kochende Wasser, den Knoblauch und die Petersilie unterrühren. Bei schwacher Hitze 30 Minuten köcheln lassen.

Giersch-Torte

Für den Mürbeteig:
200 g Weizenvollkornmehl
1 TL Backpulver
1 Prise Salz
80 g Butter oder Margarine
3 EL Milch

Mehl, Backpulver, Salz und die Butter bzw. Margarine rasch zu einem Teig verkneten und dabei langsam die Milch hinzufügen. Anschließend den Teig zugedeckt etwa 30 Minuten in den Kühlschrank stellen.

Für die Füllung:
3–4 Handvoll junge Gierschblätter
100 g magerer Speck, gewürfelt
1 kleine Knoblauchzehe, fein gewürfelt
3–4 Eier
200 ml süße Sahne
gemahlener Pfeffer
125 g geriebener Emmentaler
1 TL Wein

Den Giersch putzen (evtl. zu lange, harte Stiele entfernen), gut waschen und trocken tupfen. Anschließend die Blätter klein hacken. Speck und Knoblauch zusammen anbraten und mit dem Wein ablöschen. Die Eier mit der Sahne verquirlen und mit Pfeffer würzen. Dann nacheinander den geriebenen Käse, den Speck und die Kräuter mit der Sahne-Eiermasse vermischen.
Den Teig ausrollen und eine gut gefettete Springform (Durchmesser 26 cm) damit auslegen – dabei den Rand rundherum etwas hochziehen. Den Boden mehrmals mit einer Gabel einstechen. Dann die Füllung auf den Teigboden geben. Im vorgeheizten Backofen bei 180 °C (Umluft 160 °C) etwa 30 Minuten backen (bis die Eiermasse gestockt ist).
Heiß servieren. Dazu passt ein trockener Weißwein.

Hähnchenkeulen mit Kräutern

4 Hähnchenkeulen
Salz
Pfeffer
1 EL Zitronensaft
2 TL fein geschnittenen Thymian
2 TL fein geschnittene Salbeiblätter
3 TL fein geschnittene Pfefferminze
2 EL Rotwein
2 EL Öl

Hähnchenkeulen waschen und trocken tupfen. Mit Salz, Pfeffer und Zitronensaft einreiben.
Kräuter miteinander vermischen. Haut der Hähnchenkeulen mehrmals einritzen und die Kräutermischung unter die Haut schieben. Keulen auf ein mit Folie belegtes Backblech legen und mit Öl und Rotwein bestreichen. Im vorgeheizten Backofen bei 200 °C etwa 1 Stunde garen.

Kartoffelsuppe mit Kräutern

500 g Kartoffeln
3 Möhren
2 Zwiebeln
1 kleiner Stängel Liebstöckel
2 EL Butter
1–2 EL Vollkornmehl
1 ½ Liter Gemüsebrühe
1 Prise Zucker
Salz, Pfeffer
Verschiedene Kräuter – z.B. je 100 g Giersch, Brennnesseln, weiße Taubnessel, Borretsch, Knoblauchrauke, Kerbel, Petersilie, Bärlauch oder Löwenzahn
4 Scheiben Mischbrot
2 EL Butter

Kartoffeln und Möhren waschen und schälen. Kartoffeln grob würfeln; Möhren in Scheiben schneiden. Zwiebel fein würfeln. Liebstöckel-Stängel und die verschiedenen Kräuter kalt abbrausen, trocken tupfen und fein hacken.
Zwiebel in der Butter andünsten. Kartoffeln und Möhren hinzufügen und mit dem Mehl bestäuben. Anschließend mit der Brühe aufgießen. Liebstöckel-Blättchen hinzufügen und alles ca. 15–20 Minuten köcheln lassen. Den Zucker dazugeben und alles mit Salz und Pfeffer abschmecken. Abschließend die fein gehackten Kräuter unterrühren.
Das Brot in Würfel schneiden. Brotwürfel in der Butter rösten und zur Suppe reichen.

Kräuterbratlinge mit blumigem Dipp

300 g 6-Korn-Mischung
½ Liter Gemüsebrühe
1 Lorbeerblatt
7 Zwiebeln

Die Getreidemischung mit dem Lorbeerblatt und den ganzen Zwiebeln in der Gemüsebrühe ankochen und ca. 50 Minuten weich garen; im Topf auskühlen lassen. Lorbeerblatt und Zwiebeln entfernen.

1 Ei
2–3 EL Haferflocken
2–3 EL gehackte Kräuter (z. B. Sauerampfer, Löwenzahn, Borretsch, Vogelmiere, Majoran, Giersch, Pimpinelle)
Salz, Pfeffer
1 Prise geriebene Muskatnuss

Getreidebrei mit diesen Zutaten zu einem Teig verarbeiten; anschließend Frikadellen formen und braten. – Frikadellen schmecken warm und kalt.

Für den Dipp:
250 g Magerquark
etwas Mineralwasser
1 Becher Schmand
Salz, Pfeffer
1 Prise Zucker
ein wenig Zitronensaft
2 EL Schnittlauchröllchen
Blütenblätter von Taglilie, Ringelblume und Sonnenblume
Blüten von Borretsch, Kapuzinerkresse, Salbei, Indianernessel, Schnittlauch, Stiefmütterchen und Gänseblümchen

Magerquark mit Mineralwasser cremig rühren; Schmand dazugeben und mit Salz, Pfeffer, Zucker und Zitronensaft abschmecken. Schnittlauchröllchen und Blütenblätter bzw. Blüten (evtl. etwas zerkleinern) vorsichtig unterheben.

Rauke-Pilz-Ragout

500 g Pilze
100g Speck
50g Kräuterbutter
1 Bund Rauke
Salz
Pfeffer
1 Tl Balsamico
4 Eier

Den in Streifen geschnittenen Speck in einer Pfanne bei mittlerer Hitze ohne Fettzugabe knusprig braten. Anschließend die Kräuterbutter und dann die Pilze hinzugeben. Von der Rauke die Stiele entfernen und in Streifen schneiden. Mit den Pfifferlingen vermischen und mit Salz, Pfeffer sowie Balsamico würzen. Die Spiegeleier runden das Gericht ab.

Lachsfilet mit Amaranth-Risotto

Zutaten für 2 Personsn

Lachsfilets:
2 frische Lachfilets
Salz
Pfeffer
1 EL Mehl
1 EL Öl
1 EL Butter

Lachsfilets von Haut und Fett befreien, salzen und pfeffern, leicht in Mehl wenden. In Ol anbraten, Butter dazugeben und fertig garen.

Amaranth-Risotto:

1 Handvoll rote Amaranth-Blätter
1 kleine Zwiebel
1 EL Olivenöl
1 Tasse Reis (Risotto)
etwas Reis-Essig
Hühnerbrühe nach Bedarf
1 EL Butter

Die Amaranth-Blätter in Salzwasser blanchieren, herausnehmen, abkühlen lassen und in feine Streifen schneiden.
Die Zwiebel hacken. Das Öl im Topf erhitzen und die Zwiebel farblos anschwitzen. Den Reis dazugeben und ebenfalls mit angehen lassen. Mit dem Essig ablöschen und langsam dünsten – dabei immer wieder etwas heiße Brühe hinzufügen.
Kurz vor dem Servieren die Amaranth-Blätter und Butter vorsichtig unterrühren.

Nudeln mit Kräuter-Pesto

500 g Vollkornspaghetti (oder andere Vollkornnudeln)
3 EL gehackte Kapuzinerkresse (mit Blüten)
3 EL gehackte Löwenzahnblätter
1 EL gehackter Sauerampfer
2 Blättchen Pfefferminze, gehackt
2–3 EL Sonnenblumenkerne
ca. 200 ml kaltgepresstes Olivenöl
Salz
1 Prise Zucker
evtl. Kapuzinerkresse-Blüten zum Garnieren

Nudeln in reichlich Salzwasser bissfest kochen; abgießen.
Die Kräuter mit dem Öl, den Gewürzen und den Sonnenblumenkernen mischen und unter die Nudeln heben.
Nach Belieben mit Kapuzinerkresse-Blüten garnieren.

Überbackenes Lachsfilet

400 g frisches Lachsfilet
800 g Brennnesselblätter
100 g Champignons
50 g mittelalter Gouda
2 Eigelb
2 EL Weißwein
ca. 100 g Butter
Salz
Pfeffer

Das Lachsfilet entgräten, enthäuten, kalt abspülen und in breite Streifen schneiden. In heißem Wasser mit etwas Salz 5 Minuten gar ziehen lassen. Herausnehmen. Brennnesselblätter waschen und in Salzwasser 2 Minuten dünsten. Abtropfen lassen.
Champignons blättrig schneiden und in 1 EL Butter andünsten. Brennnesselgemüse zugeben, mit Salz und Pfeffer würzen. Brennnesselgemüse und Lachs in eine feuerfeste Form geben.
Gouda fein reiben. Eigelb und Weißwein im heißen Wasserbad schaumig schlagen. 80 g Butter (aus dem Kühlschrank) Stück für Stück unterschlagen. Dann den Käse unterrühren. Mit Salz und Pfeffer abschmecken. Soße über den Lachs und das Gemüse geben. Die Form für 15–20 Minuten bei 200 °C in den vorgeheizten Backofen schieben.

Tipp: Der Puderzucker kann noch mit Zimtpulver gewürzt werden.

Süßes

Brennnesselpfannkuchen

100 g frische Brennnesselblätter
250 g Mehl
4 Eier
375 ml Milch oder Wasser
1 Prise Salz
Sonnenblumenöl

Die Brennnesseln gut waschen, in Salzwasser dünsten, abseihen und fein pürieren.
Das Mehl zusammen mit den Eiern, der Milch (oder dem Wasser), dem Brennnesselpüree und dem Salz zu einem glatten Teig verrühren. Das Öl in einer Pfanne erhitzen und den Boden dünn mit Teig ausgießen. Den Pfannkuchen bei mäßiger Hitze auf beiden Seiten hellgelb backen.
Mit Apfelmus, Quark oder Salat servieren.

Löwenzahnblütengelee

250 g frische, soeben erblühte Löwenzahnblüten
1 Liter Wasser
1 kg Gelierzucker
1 Päckchen Vanillezucker
Saft und abgeriebene Schale von 1 unbehandelten Zitrone oder Limone

Von den gründlich unter fließend kaltem Wasser abgewaschenen und gut abgetropften Löwenzahnblüten die gelben Blättchen abzupfen. Dann die Blättchen in 1 Liter Wasser kurz aufkochen und anschließend 10 Minuten auf kleinster Stufe ziehen lassen.
Über Nacht kalt stellen.
Den Saft durch ein feines Sieb gießen und mit dem Zitronensaft, der abgeriebenen Zitronenschale und dem Vanillezucker mischen. Gelierzucker hinzufügen, alles langsam erhitzen und ca. 6–8 Minuten unter ständigem Rühren kochen lassen.
Das Gelee, noch heiß, in vorbereitete Gläser füllen und verschließen.

Getränke

Brennnesselsamen-Likör

30 g Brennnesselsamen
100–150 g brauner Kandis
1 Flasche (0,7 Liter) Korn 38 %

Die im Mörser zerriebenen Brennnesselsamen in zwei große, weithalsige Flaschen füllen. Kandis und Alkohol dazugeben; verschließen.
Drei Wochen auf die warme Fensterbank stellen und täglich einmal schütteln.
Danach filtern, in Flaschen abfüllen und kühl stellen.

Gierschbowle

Sträußchen aus Giersch etwa 3 Stunden in ein mit Wasser gefülltes Bowlengefäß hängen. – Mit Mineralwasser oder Sekt aufgefüllt ergibt das einen erfrischenden Frühjahrstrunk.

Löwenzahn Fitness-Getränk

Gereinigte Löwenzahnblätter zusammen mit Obst und/oder Gemüse in einen Entsafter geben.
Wichtig! Eine wenig kalt gepresstes Pflanzenöl hinzugeben, damit die fettlöslichen Vitamine aufgenommen werden können. Fertig ist der Muntermacher.

Unkrautbowle

Für eine Unkrautbowle können sämtliche Wildkräuter aus dem Garten gesammelt werden. Man sollte jedoch darauf achten, dass diese noch nicht bitter sind – das heißt, es werden nur die jungen Blättchen von Giersch, Quecke, Schafgarbe, Löwenzahn, Spitzwegerich, Vogelmiere etc. genommen. Um dem Ganzen etwas Frische zu verleihen, können noch einige Borretsch-Blättchen hinzugefügt werden.

Etwa 300–500 g klein geschnittene Kräuter abwiegen und in eine große Schüssel geben. 1 Liter guten Apfelsaft darübergießen und das Ganze über Nacht ziehen lassen. Am nächsten Tag sauber abfiltrieren und eventuell noch etwas Apfelsaft ergänzen.

Man genießt die Unkrautbowle verdünnt mit gut gekühltem Sekt oder Mineralwasser.

Anhang

Wir bedanken uns für die gute Zusammenarbeit mit dem

KRÄUTERPARK STOLPE

In Stolpe befindet sich der großzügig angelegte KräuterPark mit Kräutermuseum, Botanischem Garten, Kräuterladen und Café. Das Kräutermuseum zeigt die Geschichte von Rauschpflanzen, Liebesdrogen, Heilkräuter, Hexenwahn und Kuriositäten sowie antike pharmazeutische Geräte. Im Botanischen Garten blühen auf 6000 Quadratmetern rund 600 verschiedene Heil- und Nutzpflanzenarten, z.B. im Heilpflanzengarten, Giftgarten, im Garten der aussterbenden Nutzpflanzen oder auf der begehbaren Kräuterspirale.

Am Pfeifenkopf 9
24601 Stolpe

Tel. 04326/289390
www.kraeuterpark.de

KERSTIN JOHN

Die Autorin ist ausgebildete Gärtnerin, Fachrichtung Garten – und Landschaftsbau, und leitet seit zwei Jahren den KräuterPark Stolpe. Die Liebe zu Pflanzen und vor allem zu den Kräutern entdeckte sie schon früh und lebte ihre Naturverbundenheit über 20 Jahre lang in der ehrenamtlichen Jugendarbeit im Bund der Pfadfinderinnen und Pfadfinder e. V. aus. Sie gibt u. a. Führungen durch den Botanischen Garten und ist für die Pflege und Anzucht der über 600 Arten verantwortlich.

HARTMUT MOEDE

Der Naturpädagoge, Wildnisführer und Käuterexperte beschäftigt sich seit über zwanzig Jahren intensiv mit den Pflanzenwesen und den Beziehungen zwischen ihnen und den Menschen. Besonders am Herzen liegen ihm das „Unkraut" im Garten und am Wegesrand, die erstaunliche Erlebniswelt der Knicks und die unbekannten Wesen – die Bäume. Der Autor hält Vorträge, führt Workshops durch und leitet die Firma STANDsprung. Mit seiner Arbeit möchte er einen kleinen Beitrag leisten gegen die wachsende Entfremdung von der Natur.

STEFFI BRÜGGE

Die freie Fotografin arbeitet vorwiegend für Lifestyle-Themen. Ihre Aufnahmen bestechen durch einen genauen Blick. Steffi Brügge muss weder Lebensmittel noch Speisen groß inszenieren, um sie als verführerische Objekte abzulichten. Es gelingt ihr mit Geduld, Erfahrung und Talent. Nach den erfolgreichen Bänden „Das Apfelbuch Schleswig-Holstein" sowie „Birnen und Quitten in Schleswig-Holstein" konnte sie auch für diesen Band gewonnen werden.

KARL RESS

Nach einer Kochlehre in Lübeck und einem 10-jährigen Auslandsaufenthalt in diversen Grand Hotels machte sich der Spitzenkoch 1979 mit dem Restaurant „Am Kamin" in Neumünster selbständig. Seitdem verwöhnt Karl Ress seine Gäste mit feiner Gourmetküche. Der Gärtner aus Leidenschaft bewirtschaftet einen eigenen 700 m^2 großen Kräutergarten.

DIE LANDFRAUEN SCHLESWIG-HOLSTEIN

Aus einem riesigen Fundus haben die Landfrauen Schleswig-Holstein interessante und schmackhafte Rezepte zusammengestellt. Die Rezepte lassen die heimischen Kräuter voll zur Geltung kommen und zeigen unerwartete Nutzungsmöglichkeiten.

LITERATURVERZEICHNIS

Abraham, Hartwig; Thinnes, Inge: Hexenkraut und Zaubertrank – Unsere Heilpflanzen in Sagen, Aberglauben und Legenden, Urs Freund Verlag

Arrowsmith, Nancy: Das Buch der heilenden Kräuter, Allegra

Asmussen, Klaus Peter: Planten un Blomen - Wörterbuch schleswig-holsteinischer Pflanzennamen, Books on Demand GmbH

Behr, Karl-Ernst: Ernährung und Umwelt der wikingerzeitlichen Siedlung Haithabu, Neumünster: Wachholtz Verlag, 1983

Bühring, Ursel: Praxis-Lehrbuch der modernen Heilpflanzenkunden, Grundlagen – Anwendung – Therapie

de Cuveland, Helga: Der Gottorfer Codex von Hans Somin Holtzbecker, Verlag: Wernersche Verlagsgesellschaft,1989

Elsner, Hildegard: Wikinger Museum Haithabu: Schaufenster einer frühen Stadt, Neumünster: Wachholtz Verlag, 2004

Fleischhauer, Steffen Guido u.a.: Enzyklopädie der essbaren Wildpflanzen, Aarau und München: AT Verlag, 2003

Fuchs, Leonhart: The New Herbal of 1543, Köln, London: Verlag Taschen, 2001

Hägg Inga: Berichte über die Ausgrabungen in Haithabu, Bericht 29, Textilfunde aus den Siedlung und aus den Gräbern von Haithabu, Neumünster: Wachholtz Verlag, 1991

Hubrich-Messow, Gundula: Sagen aus Schleswig-Holstein, München: Eugen Diedrichs Verlag, 1993

Kreuter, Marie-Luise: Biologischer Pflanzenschutz – Schädlinge und Krankheiten naturgemäß abwehren, blv-Verlag

Kreuter, Marie-Luise: Kräuter & Gewürze, blv-Verlag

Marzell, Heinrich: Geschichte und Volkskunde der deutschen Heilpflanzen, Wissenschaftliche Buchgesellschaft

Mensing, Otto (Krsg.): Schleswig-Holsteinisches Wörterbuch, Neumünster: Wachholtz Verlag, 1973

Pahlow, M.: Das Grosse Buch der Heilpflanzen, Gesund durch die Heilkräfte der Natur, Steinerne Furt: Weltbild Verlag 2006

Roth, Daunderer, Kormann: Giftpflanzen, Pflanzengifte, Nikol

Scherf, Gertrud: Die geheimnisvolle Welt der Zauberpflanzen und Hexenkräuter, Mythos und Magie heimischer Wild- und Kulturpflanzen, München: BLV Buchverlag GmbH & Co. KG, 2007

Seitz, Dr. Paul: Küchenkräuter, Kosmos

Relling, Hermann u.a.: Unsere Pflanzen nach ihre Deutschen Volksnamen: Ihre Stellung in Mythologie und Volksglaube, in Sitte und Sage, in Geschichte und Literatur, Nabu Public Domain Reprints, 2010

Schietzel, Kurt: Berichte über die Ausgrabungen in Haithabu, Bericht 11, Untersuchungen zur Anthropologie, Botanik und Dendrochronologie, Neumünster: Wachholtz Verlag, 1977

Schlabow, Karl: Textilfunde der Eisenzeit in Norddeutschland, Neumünster: Wachholtz Verlag, 1976

Völkel, Ulrich: Heimische Pflanzen – Gräser und Kräuter, RhinoVerlag

Völkel, Ulrich: Heimische Pflanzen – Blumen und Kräuter, RhinoVerlag

von Perger, K. Ritter: Deutsche Pflanzensagen, Stuttgart und Oehringen: Verlag von August Schaber, 1864

Westphal, Florian: Die Holzfunde von Haithabu, Neumünster: Wachholtz Verlag, 2006

Willerding, Ulrich: Zur Geschichte der Unkräuter Mitteleuropas, Neumünster: Wachholtz Verlag, 1986

Zimmerer, E.M.: Kräutersegen, Druck und Verlag der Buchhandlung Ludwig Auer, Pädagogische Stiftung in Donauwörth, 1902

ABBILDUNGSNACHWEIS

Fotografien von Steffi Brügge, bis auf Holger Kasselmann, S.23; Jerzy Opiola, S.81; Rüdiger Kratz S.34